丛书总主编　陈宜瑜

丛书副总主编　于贵瑞　何洪林

中国典型森林生态系统
关键要素及功能动态变化图集

（2001—2015）

中国生态系统研究网络　图集编写委员会　著
国家生态科学数据中心

中国农业出版社

北 京

资助项目

国家重点研发计划课题"基于参照系的生态系统评估体系构建与国家生态系统评估应用"（2016YFC0500204）

中国科学院 A 类战略性先导科技专项子课题"CERN 生态系统动态监测数据汇聚"（XDA9020301）

中国科学院科技服务网络计划（STS 计划）项目"CERN 大数据中心数据云构建的关键技术与应用研究"（KFJ‐SW‐STS‐167）

丛书指导委员会

丛书编委会

编 委 会

学术指导　于贵瑞

主　　编　何洪林

副主编　张　黎　任小丽

编　　委

数 据 中 心：　苏　文　郭学兵　葛　蓉　常清青

大气分中心：　胡　波

水分分中心：　贾小旭　张心昱

哀 牢 山 站：　鲁志云　杨效东　罗　康　温韩东　陈　斯　严乔顺

西双版纳站：　邓晓保　李玉武　邓　云

北京森林站：　王　杨　白　帆　王顺忠

鼎 湖 山 站：　张德强　张倩媚　刘世忠　褚国伟　孟　泽　李跃林

贡 嘎 山 站：　王根绪　冉　飞　李　伟　杨　阳

鹤 山 站：　林永标　孙　聘　刘素萍　饶兴权

会 同 站：　颜绍馗　于小军　张秀永　黄　苛　关　欣　朱睦楠

茂 县 站：　石福孙　周志琼　何其华　李晓明

千 烟 洲 站：　杨风亭

神 农 架 站：　徐文婷　赵常明

长 白 山 站：　郑兴波　戴冠华

进入 20 世纪 80 年代以来，生态系统对全球变化的反馈与响应、可持续发展成为生态系统生态学研究的热点，通过观测、分析、模拟生态系统的生态学过程，可为实现生态系统可持续发展提供管理与决策依据。长期监测数据的获取与开放共享已成为生态系统研究网络的长期性、基础性工作。

国际上，美国长期生态系统研究网络（US LTER）于 2004 年启动了 Eco Trends 项目，依托 US LTER 站点积累的观测数据，发表了生态系统（跨站点）长期变化趋势及其对全球变化响应的科学研究报告。英国环境变化网络（UK ECN）于 2016 年在 *Ecological Indicators* 发表专辑，系统报道了 UK ECN 的 20 年长期联网监测数据推动了生态系统稳定性和恢复力研究，并发表和出版了系列的数据集和数据论文。长期生态监测数据的开放共享、出版和挖掘越来越重要。

在国内，国家生态系统观测研究网络（National Ecosystem Research Network of China，简称 CNERN）及中国生态系统研究网络（Chinese Ecosystem Research Network，简称 CERN）的各野外站在长期的科学观测研究中积累了丰富的科学数据，这些数据是生态系统生态学研究领域的重要资产，特别是 CNERN/CERN 长达 20 年的生态系统长期联网监测数据不仅反映了中国各类生态站水分、土壤、大气、生物要素的长期变化趋势，同时也能为生态系统过程和功能动态研究提供数据支撑，为生态学模型的验证和发展、遥感产品地面真实性检验提供数据支撑。通过集成分析这些数据，CNERN/CERN 内外的科研人员发表了很多重要科研成果，支撑了国家生态文明建设的重大需求。

近年来，数据出版已成为国内外数据发布和共享，实现"可发现、可访问、可理解、可重用"（即 FAIR）目标的重要手段和渠道。CNERN/CERN 继 2011 年出版"中国生态系统定位观测与研究数据集"丛书后再次出版新一期数据集丛书，旨在以出版方式提升数据质量、明确数据知识产权，推动融合专业理论或知识的更高层级的数据产品的开发挖掘，促进 CNERN/CERN 开放共享由数据服务向知识服务转变。

该丛书包括农田生态系统、草地与荒漠生态系统、森林生态系统以及湖泊湿地海湾生态系统共 4 卷（51 册）以及森林生态系统图集 1 册，各册收集了野外台站的观测样地与观测设施信息，水分、土壤、大气和生物联网观测数据以及特色研究数据。本次数据出版工作必将促进 CNERN/CERN 数据的长期保存、开放共享，充分发挥生态长期监测数据的价值，支撑长期生态学以及生态系统生态学的科学研究工作，为国家生态文明建设提供支撑。

2021 年 7 月

科学数据是科学发现和知识创新的重要依据与基石。大数据时代，科技创新越来越依赖于科学数据综合分析。2018 年 3 月，国家颁布了《科学数据管理办法》，提出要进一步加强和规范科学数据管理，保障科学数据安全，提高开放共享水平，更好地为国家科技创新、经济社会发展提供支撑，标志着我国正式在国家层面加强和规范科学数据管理工作。

随着全球变化、区域可持续发展等生态问题的日趋严重以及物联网、大数据和云计算技术的发展，生态学进入"大科学、大数据"时代，生态数据开放共享已经成为推动生态学科发展创新的重要动力。

国家生态系统观测研究网络（National Ecosystem Research Network of China，简称 CNERN）是一个数据密集型的野外科技平台，各野外台站在长期的科学研究中，积累了丰富的科学数据。2011 年，CNERN 组织出版了"中国生态系统定位观测与研究数据集"丛书。该丛书共 4 卷、51 册，系统收集整理了 2008 年以前的各野外台站元数据，观测样地信息与水分、土壤、大气和生物监测以及相关研究成果的数据。该丛书的出版，拓展了 CNERN 生态数据资源共享模式，为我国生态系统研究、资源环境的保护利用与治理以及农、林、牧、渔业相关生产活动提供了重要的数据支撑。

2009 年以来，CNERN 又积累了 10 年的观测与研究数据，同时国家生态科学数据中心于 2019 年正式成立。中心以 CNERN 野外台站为基础，生态系统观测研究数据为核心，拓展部门台站、专项观测网络、科技计划项目、科研团队等数据来源渠道，推进生态科学数据开放共享、产品加工和分析应用。为了开发特色数据资源产品、整合与挖掘生态数据，国家生态科学数据中心立足国家野外生态观测台站长期监测数据，组织开展了新一版的观测与研究数据集的出版工作。

　　本次出版的数据集主要围绕"生态系统服务功能评估""生态系统过程与变化"等主题进行了指标筛选，规范了数据的质控、处理方法，并参考数据论文的体例进行编写，以翔实地展现数据产生过程，拓展数据的应用范围。

　　该丛书包括农田生态系统、草地与荒漠生态系统、森林生态系统以及湖泊湿地海湾生态系统共 4 卷（51 册）以及图集 1 本，各册收集了野外台站的观测样地与观测设施信息，水分、土壤、大气和生物联网观测数据以及特色研究数据。该套丛书的再一次出版，必将更好地发挥野外台站长期观测数据的价值，推动我国生态科学数据的开放共享和科研范式的转变，为国家生态文明建设提供支撑。

2021 年 8 月

森林生态系统是人类的资源宝库和重要的环境调节系统,为人类提供吸收二氧化碳、释放氧气、涵养水源、保持水土、调节气候、保护生物多样性等多项生态服务,对维护生态平衡和促进区域协调发展具有重要作用。通过开展森林生态系统长期定位监测,获取第一手科学观测数据,认知森林生态系统结构、功能和质量变化特征,辨析森林生态系统变化及其成因,是提升森林生态系统质量和稳定性,实施森林生态系统综合评估和管理的重要基础。

中国生态系统研究网络(CERN)自 1988 年组建以来,采用统一的观测方法,对生态系统主要类型开展了大气、生物、土壤、水分等各类要素的长期定位观测,形成了系统化、规范化、高质量的长期联网观测数据,为促进我国生态学及相关学科的发展、服务生态环境保护提供了重要的科学数据支撑。CERN 于 1998 年出版了《中国生态系统研究网络数据目录》,2008—2012 年组织出版了《中国生态系统定位观测与研究数据集》丛书,2017 年以来在《中国科学数据》组织发表了多期 CERN 专题数据论文,有力推进了我国生态系统长期观测数据的共享工作。

《中国典型森林生态系统关键要素及功能动态变化图集》是国家生态科学数据中心联合 11 个森林生态系统观测研究台站和 CERN 分中心等机构的科研人员,基于 CERN 开放共享的长期定位监测数据库,围绕"森林生态系统要素、过程、功能"这一科学主题,通过建立从生态要素、过程参数到服务功能的森林生态系统长期观测数据产品的分类分级体系，发展模型和数据同化耦合的长时间序列生态数据重构方法，研编了质量可靠、时间连续的森林生态系统关键要素及重要生态功能和过程参数数据集。该图集首次系统展现了 2001 年以来中国 11 个典型森林生态系统关键要素和重要生态功能的动态变化规律和空间分异特征，有力地支撑了典型森林生态系统结构和功能研究及跨站点的联网研究，为森林生态系统质量评估提供了高精度、长序列的基准数据。

该图集的出版将促进我国生态系统长期观测数据质量和管理水平的提升，推动生态系统长期观测数据的深度挖掘工作，为编制基于长期观测的森林生态系统状况评估报告奠定了坚实基础，同时也为建立生态系统长期观测数据产品体系，更好地发挥 CERN 长期观测数据的科学价值提供了支撑。

于贵瑞

2022 年 4 月

　　生态文明建设已成为我国社会发展及政府治国理政理念和思想体系的重要组成部分。党的十九大明确提出，建设"美丽中国"、开展"山水林田湖草"综合治理、提升我国生态系统质量和稳定性，提供更多优质生态产品以满足人民日益增长的优美生态环境需要。为深入解决我国在资源环境领域存在的问题，加强区域生态系统变化的观测研究，推动我国生态文明建设，中国科学院自 1988 年开始筹建中国生态系统研究网络（Chinese Ecosystem Research Network，CERN）。经过几十年的不断发展，CERN 已由最初的 29 个野外科学观测研究台站增加到 44 个，形成了覆盖全国森林、草地、农田、湿地、湖泊、海湾等不同生态系统类型的研究网络，并制定了完整的监测指标体系和操作技术规范。各台站自 2000 年以来按照统一监测规范，系统开展水分、土壤、大气、生物等生态系统要素的长期联网监测，积累了长时间序列的观测和调查数据，形成了我国唯一的、系统性的生态系统长期定位观测数据集，为开展区域和国家尺度生态系统综合研究、生态系统动态变化分析与评估提供了重要支撑。

　　CERN 现有 13 个森林生态系统野外台站，覆盖了温带、亚热带、热带等多个气候带以及针叶林、阔叶林、混交林等多种林型，代表了我国从南到北水热梯度上典型的森林生态系统类型。CERN 现有森林生态系统野外台站的分布，可较好地表征全国尺度上森林生态系统植被类型、地貌、气候、土壤的空间异质性，为国家尺度的森林生态系统综合研究和评估提供支撑。

针对我国典型生态系统状况及其动态变化趋势分析这一重要科学问题，我们对 CERN 公开共享的森林生态系统要素及相关基础数据进行进一步质量控制和整编，发展了基于地面观测数据、文献数据、生态系统模型与数据同化方法的长时间序列生态数据重构方法，建立了数据同化、模型模拟与统计估算相结合的生态功能数据产品生产方法体系。围绕森林生态系统生产力和固碳、生物多样性、水源涵养和土壤保持 4 项生态功能，编写了由生态系统要素、过程参数、功能等多层次组成的长时间序列生态系统动态变化数据集，绘制了中国典型森林生态系统关键要素和功能动态变化图。这为揭示我国典型森林生态系统长期变化规律及空间格局，建立分区、分类型的生态系统评估基准，编制中国生态系统状况评估报告提供了重要支撑，对提升 CERN 长期监测数据应用价值、推动我国生态监测数据共享具有重要意义。

本书的撰写过程中得到 CERN 科学委员会、CERN 森林台站和 CERN 水、土、气、生 4 个学科分中心的大力支持。在本书完成之际，我们要特别感谢 CERN 台站的所有同志，他们长期坚守在科研一线，几十年来兢兢业业，在十分艰苦的条件下完成野外台站的监测任务。本书是他们多年观测工作的结晶。中国科学院地理科学与资源研究所的徐茜、吕妍、张梦宇、邵娟、吴安驰、董蕊、张永红、孙婉馨、朱晓波、牛忠恩、曾纳、刘卫华等多位研究生为本书数据整理和制图作出了很大贡献，吴晓静、秦克玉、冯莉莉帮助修改和编辑文本，在此一并致以诚挚的感谢。

全书由何洪林、张黎统稿。受撰写时间和认知水平所限，书中难免存在错误和疏漏，敬请各位读者批评指正。

图集编写委员会

2021 年 7 月

CONTENTS
目　录

图 目 录

表 目 录

1

长期生态研究网络数据挖掘研究进展

建立长期生态系统研究网络，开展长期联网观测和试验研究，获取长期生态系统观测数据，是认识和解决人类所面临的气候变化、大气成分变化和土地利用与覆盖变化等因素引起的生态和环境问题的重要手段，是现代生态学的重要发展方向之一（赵士洞，2001）。1993年，由16个国家已有的生态监测和研究网络组成的国际长期生态研究网络（International Long Term Ecological Research Network，ILTER）正式成立，目前拥有44个成员网络、700多个长期生态学研究站点（Mirtl et al.，2018）。具有代表性的国家长期生态研究网络包括美国长期生态研究网络（US Long Term Ecological Research Network，US LTER）、英国环境变化监测网络（UK Environmental Change Network，UK ECN）、中国生态系统研究网络（Chinese Ecosystem Research Network，CERN）、澳大利亚陆地生态系统研究网络（Australian Terrestrial Ecosystem Research Network，TERN）等。这些网络获取的长期生态监测数据在量化生态系统随环境变化的响应，理解复杂生态系统过程，发展生态系统理论模型及模拟模型的参数化和验证，促进多学科交叉研究，支持生态系统管理和决策等方面具有重要作用和价值（Lindenmayer et al.，2012）。

1.1　美国长期生态研究网络

美国长期生态研究网络（US LTER）成立于1980年，是世界上成立最早的长期生态研究网络，其目的是为研究人员、决策者及社会公众提供生态系统状况、服务功能及生物多样性的保护和管理等方面的基础数据，关注的科学问题主要包括气候变化和人类活动对生态系统结构和功能的影响等（傅伯杰等，2007）。目前有28个台站，覆盖了森林、草地、农田、湖泊、海岸、荒漠、极地冻原、城市等多种生态系统，积累了6 843个数据集，包括水、土、气、生等各种要素（https：//lternet.edu/）。

2004年启动的EcoTrends项目，以US LTER为主体，选取美国50个生态站的历史数据，开展了生态系统跨站点长期变化趋势及其对全球变化响应的联网研究。该项目目的是使长期生态监测数据更易获取，支撑生态系统长期变化趋势和大尺度比较及其对全球变化响应研究。美国农业部于2013年正式发布了EcoTrends技术报告，重点报道了美国生态系统要素和功能的长期变化及其对全球变化响应的空间差异，展示了长期生态监测数据的科学价值（Peters et al.，2013）。

EcoTrends项目用到的数据主要包括气温、降水、水温、海平面高度、径流、太阳辐射等气象数据，ANPP，生物量、物种丰富度等生物数据，以及水化学、人口和经济等其他数据。挖掘分析的具体科学问题包括：站点和大陆尺度全球变化因子及生态系统要素和功能的长期变化趋势，例如温度、降水、生态系统生产力和物种多样性的变化趋势等；生态系统要素和功能对全球变化响应的区域差异，例如气象因子的长期变化趋势及突变（如厄尔尼诺现象）如何影响生态系统结构和功能（物种组成、生产力、营养循环）等。

US LTER一直重视台站联网研究及网络层面的综合科学研究，主要涉及生物多样性、生物地球化学循环、生态系统对气候变化的响应以及人类—自然耦合生态系统等研究领域（于秀波等，2007）。

通过 EcoTrends 项目成功实现了以应用促共享；在对已有野外站监测数据的整合和挖掘分析基础上，产生了新的科技成果，形成了新的数据，并通过 EcoTrends 门户系统（https：//ecotrends.info/），促进数据的再利用，形成了科学数据支撑科技创新的良性发展模式。

2021 年，US LTER 在 *Ecosphere* 上发表了 5 篇种群和群落方面的专题文章，利用典型站点的长期监测结果，分别针对生态系统的状态变化（Zinnert et al.，2021）、连通性（Iwaniec et al.，2021）、恢复力（Cowles et al.，2021）、时间滞后（Rastetter et al.，2021）和级联效应（Bahlai et al.，2021）问题，阐述了长期监测和控制实验的重要作用和价值，表明长期生态研究站点的多样性有力促进了对上述生态系统结构、功能、服务和未来的重要驱动因子的科学认知。

1.2 英国环境变化监测网络

英国环境变化监测网络（UK ECN）成立于 1992 年，主要针对英国境内不同类型的生物群落和环境进行长期综合观测（http：//www.ecn.ac.uk/）。目前，UK ECN 由 12 个陆地生态系统监测站和 45 个淡水生态系统监测站组成，覆盖了英国主要环境梯度和生态系统类型。陆地生态系统的监测要素主要包括气象、大气化学、降水化学成分、地表水化学成分、土壤属性、植被、脊椎动物、无脊椎动物及土壤动物等因子。淡水生态系统的监测要素涵盖了淡水化学特征、大型底栖无脊椎动物、水生植物、浮游动物和浮游植物等。UK ECN 针对各项观测指标制定了标准的测定方法，同时具有严格的数据质控体系，包括数据格式、数据精度要求、丢失数据处理、数据可靠性检验等，并建立中央数据库系统进行集中管理、共享。UK ECN 数据中心网站（http：//data.ecn.ac.uk）根据 UK ECN 数据管理政策提供数据的访问与获取，包括物理数据、化学数据、无脊椎动物数据、脊椎动物数据、植被数据、生态系统服务数据等六大类共 513 个数据集。

围绕生态系统的稳定性和恢复力问题，UK ECN 利用该网络第一个 20 年（1993—2012 年）的长期观测数据，通过整合分析、模型模拟和跨站点比较分析方法开展联网研究，研究成果于 2016 年以专辑形式发表在 *Ecological Indicators* 上（Sier et al.，2016）。气候变化和空气污染的区域影响可能是环境变化最重要的驱动因素（Monteith et al.，2016）。1993—2012 年，月平均气温并未表现出显著增加趋势，而夏季月降水量却呈现显著增加现象，后者与夏季北大西洋涛动的异常变化密切相关（Monteith et al.，2016）。Sawicka 等（2016）综合 UK ECN 和森林监测网络的数据，研究了大气沉降、天气参数和土壤水化学因子变化之间的动态关联，并且重点关注英国地表水可溶性有机碳呈现上升趋势的问题。Rose 等（2016）分析了近期气候变化、酸沉降和土壤酸性对植被的影响，发现植物物种丰富度和表征物种与土壤 pH 关系的生态学指标在整个网络范围内均在增加，并且土壤酸性越小植物种类丰富度增加的概率越大。UK ECN 积累的长期观测数据为揭示不同环境和生物学变化及其形成原因提供了可靠的基础数据，其产生的信息在政策和管理策略方面具有相当广泛的社会价值。

1.3 中国生态系统研究网络

中国生态系统研究网络（CERN）自 1988 年开始筹建以来，经过 30 余年的建设和发展，逐步形成了一个由 44 个生态站、5 个学科分中心（水分、土壤、大气、生物、水体）、1 个综合研究中心和 1 个数据中心构成的生态网络体系，已经成为我国野外科学观测、科学实验和科技示范的重要基地、人才培养基地和科普教育基地。CERN 大部分野外台站是中国国家生态系统观测研究网络（CNERN）的骨干成员，也是与美国长期生态研究网络（US LTER）和英国环境变化网络（UK ECN）齐名的世界三大国家级生态网络之一，在引领我国和亚洲地区生态系统观测研究网络的发展方面作出了国际公认科技贡献，在全球地球观测系统中发挥着不可替代的重要作用。

目前，CERN通过56个综合观测场、236个辅助观测场、1 100余个定位观测点对农田、森林、草地、水体等生态系统的水、土、气、生282个观测指标进行长期定位观测，数据资源不断丰富，形成了系统化、规范化的观测数据集，建设成了"长期联网观测—专项观测—科学研究"数据资源体系。同时，通过对"生态网络云"平台的构建，实现数据采集—传输—存储—管理—处理—模型模拟—集成分析—可视化—共享服务的一体化，为我国生态学科的发展提供优质的数据共享服务（图1-1）。

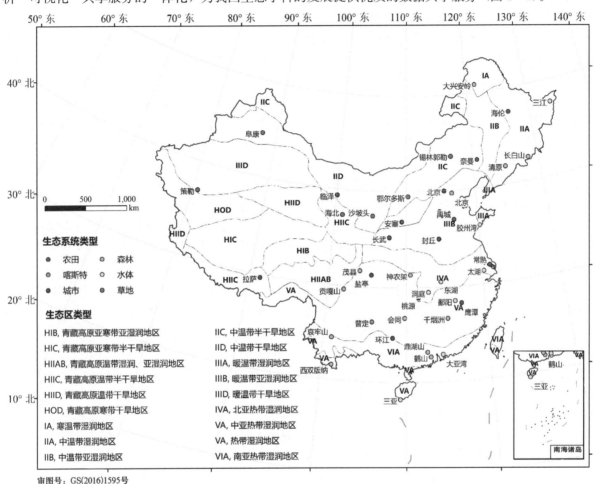

图1-1　中国生态系统研究网络台站分布图

CERN在过去30余年的发展过程中，为中国生态数据管理与挖掘作出了重要贡献。1998年在孙鸿烈院士领导下出版了《中国生态系统研究网络数据目录》，并于2002年发布了《中国生态系统研究网络数据管理和共享条例》，2011年组织出版了51本中国生态系统定位观测数据集。2011年启动了CNERN生态网络云和全球变化领域云建设，2015年完成生态网络云平台1.0版（http：//www. cnern. org. cn）建设，目前已升级到2.0版（http：//www. nesdc. org. cn），并进入稳定运行。2017年以来组织了多期《中国科学数据》数据论文专辑，并在 Earth System Science Data、Scientific Data 等国际知名期刊发表了多篇数据论文。

基于CERN长期观测数据，CERN科研人员围绕我国典型生态系统要素与功能的空间格局、时间变化趋势及其影响因素等科学问题，应用跨站点比较分析方法、模型模拟和数据同化方法，开展了一系列数据挖掘工作和跨站点的联网研究。

1.3.1　中国光合有效辐射和紫外辐射变化

太阳辐射是地球能量的主要来源，是各种生命活动的基本动力。其中，光合有效辐射是波长为

400～700 nm 的太阳辐射，是植物进行光合作用形成干物质的能量来源，是生态系统生产力模型的主要驱动因子。散射辐射在太阳辐射中占有相当的比重，根据祝昌汉（1984）统计，中国散射辐射与总辐射年总量的平均比率为 46%，部分地区高达 59%。散射辐射能够到达植被冠层深处，降低冠层的光合饱和点，增强冠层光能利用率，从而增强陆地碳汇。紫外辐射能量虽然仅占太阳辐射的 5%，但对人类健康和生态系统安全具有重要影响。因此，在全国尺度上研究总辐射、光合有效辐射、散射辐射和紫外辐射等辐射要素的变化具有重要意义。

依托 CERN 台站和地面气象站的辐射观测数据，集成 GIS 和空间分析技术，构建了辐射要素的估算及栅格化方法体系。重点针对辐射及其散射组分，将日照时数、总辐射、光合有效辐射、散射辐射和散射光合有效辐射之间的经验模型进行分区参数化，建立了一套适用于中国不同区域的参数集，进而生成了我国 1981—2010 年长时间序列的总辐射、光合有效辐射、散射辐射和散射光合有效辐射空间数据集，并分析了其时空变化。结果表明，1981—2010 年散射辐射和散射光合有效辐射多年平均值的空间格局存在明显的异质性，总体上北部较低，南部和西部较高；全国范围内散射辐射和散射光合有效辐射多年平均值为 2 476.98 MJ/（m² · 年）和 12.85 mol/（m² · d）；散射辐射和散射光合有效辐射年均值均表现出明显的上升趋势，每 10 年升幅分别为 7.03 MJ/（m² · 年）和 0.03 mol/（m² · d），但前 10 年下降趋势明显，且 1982 年、1983 年、1991 年和 1992 年有明显异常，可能是由 El Chinchon 和 Pinatubo 火山爆发引起的（Ren et al.，2013b，2014a；任小丽等，2014；朱旭东等，2010）。该数据产品已在国际知名地学期刊 *Earth System Science Data* 和国内数据期刊《中国科学数据》上发表并发布共享，为开展全国/区域尺度的生态系统研究提供了数据支撑（Ren et al.，2018；任小丽等，2017）。

到达地面的紫外辐射主要受到云、气溶胶、臭氧和水汽的影响，然而云、气溶胶和臭氧的观测较少，定量化研究比较困难。参照 Liu 等（1960）和 Escobedo 等（2009）的研究，利用晴空指数作为云、气溶胶等要素对不同天空状况下辐射衰减的识别因子，建立全天候紫外辐射估算模型（Varo et al.，2005；Barbero et al.，2006；Xia et al.，2008；Mateos et al.，2010）。利用 CERN 站点观测数据构建分区域的基于晴空指数的紫外辐射估算模型；然后耦合"混合模型"（Yang et al.，2006）结合常规气象数据获得我国长时间系列的紫外、光合有效辐射数据。在每个气候区分别选取 1 个代表站点来建立紫外辐射估算公式，代表站点为：阜康、拉萨、沙坡头、盐亭、海伦、安塞、东湖、鼎湖山。将每个代表站点 2005—2014 年的观测数据随机分成 2 组，一组用来拟合紫外辐射估算公式，另一组用来检验紫外辐射估算公式的精度（Hu et al.，2008，2014）。结果表明，1961—2016 年紫外辐射在中国的西北部地区明显高于中南部地区，1990 年前后出现了明显的下降趋势，之后开始缓慢上升。气溶胶浓度的增加可能是引起全国大范围紫外辐射下降的主要原因。光合有效辐射时空及长期变化趋势与紫外辐射类似。该结果率先给出了我国紫外和光合有效辐射时空变化规律，并为气候变化、生态环境学的研究提供科学数据（Hu et al.，2007a，2007b；Hu et al.，2015）。

1.3.2　中国典型生态系统水化学要素变化分析

水化学因子是陆地生态系统主要的环境因子，是影响陆地生态系统结构和功能的重要因素。CERN 于 1998 年开始对典型陆地生态系统各台站进行水质监测工作，各台站依据《中国生态系统研究网络水分监测规范》中的统一方法采集水样，并参照该规范规定的国标方法进行实验室内分析和质量控制（袁国富等，2012，2019）。基于 2004 年以来的水化学监测数据，在进行质量控制和数据产品开发基础上，采用跨站点比较分析方法，重点分析了典型生态系统 pH、矿化度、硝酸盐污染程度、水体富营养化程度（总氮、总磷）、水质分类（八大离子：Ca^{2+}、Mg^{2+}、Na^+、K^+、HCO_3^-、CO_3^{2-}、SO_4^{2-}、Cl^-）的变化特征。

水体 pH 是酸碱性的标志，影响水体中元素赋存状态、浓度及分配的主要因素。矿化度（即总溶解固体）是指水中所含无机矿物成分的总量，矿化度在 500～1 000 mg/L 间的为 IV 级，矿化度高于

1 000 mg/L 的为 V 级，认为具有高矿化度。2004—2006 年，CERN 38 个站点联网监测数据表明，森林生态系统水体 pH 总体上呈现从北向南、从西向东逐渐降低的趋势。CERN 监测的森林生态系统均为自然生态系统，没有受到农业施肥和灌溉以及牧业生产等人类活动影响，基本反映了对应区域的环境背景以及受到大气酸沉降影响的程度；华北与黄土农业区、西北绿洲农业与牧业区相对较高，东北农业区和青藏高原农牧区其次，南方农业区最低；除南方农业生态系统与北方三江湿地生态系统水体 pH 为弱酸性（6.27～6.82）外，其他监测水体均为中性和弱碱性，500 mg/L 以上矿化度水体主要出现在西北部荒漠生态系统和黄河冲积平原农业生态系统（张心昱等，2009）。

CERN 12 个典型农田生态系统 2004—2006 年和 2014—2016 年降水、地表水、地下水 pH 和矿化度监测数据表明，红壤丘陵区降水、地表水、地下水 pH 最低，10 年间桃源、千烟洲降水 pH 显著降低，桃源、海伦地表水 pH 分别降低 1.39 和 0.35，而鹰潭、千烟洲地表水 pH 分别升高 0.77 和 1.19，栾城地下水 pH 降低 0.60，而盐亭、千烟洲地下水 pH 分别增加 0.47 和 0.78；地表水矿化度表现为黄淮海平原＞黄土高原＞东北平原＞长江三角洲＞川中丘陵＞红壤丘陵区，桃源和千烟洲地表水矿化度分别降低 138 mg/L 和 62 mg/L，其余农田生态系统变化不显著；禹城地下水矿化度增加 500 mg/L，沈阳、长武、盐亭、千烟洲、常熟站、桃源降低 102～384 mg/L。不同空间格局、地质结构差异、化石燃料燃烧、人类活动（耕作、施肥、灌溉）是造成农田生态系统各水体 pH 和矿化度变化的主要原因（刘旭艳等，2019，2020）。

天然水体中的 Ca^{2+}、Mg^{2+}、Na^+、K^+、HCO_3^-、CO_3^{2-}、SO_4^{2-}、Cl^- 这 8 种离子总量约占天然水溶质总量的 95%～99%，是水质监测的重要指标，也是水化学特征研究的主要离子。中国生态系统研究网络（CERN）和国家生态系统观测研究网络（CNERN）中的 33 个陆地生态站水化学监测数据表明，水中主要阴离子质量浓度以 HCO_3^- 和 SO_4^{2-} 为主，在地下水、静止地表水、流动地表水中 HCO_3^- 和 SO_4^{2-} 之和分别约占阴离子总量的 71.7%、75.3% 和 74.9%；阳离子以 Ca^{2+} 和 Na^+ 为主，两者之和分别约占阳离子总量的 69.7%、64.8% 和 68.9%。不同生态区域水体离子浓度和离子比例差异较大，水化学类型有地带性差异，即西北干旱半干旱区、东部黄淮海平原区生态系统地下水水化学类型以 $Na-Mg-SO_4-Cl$ 型为主，且水体矿化度较高；亚热带红壤丘陵区地下水水化学类型以 $Ca-SO_4-HCO_3$ 型为主，地表水以 $Ca-HCO_3-SO_4$ 型为主；南亚热带丘陵赤红壤区地下水水化学类型以 $Na-Ca-HCO_3-Cl$ 型为主；其他生态系统水化学类型以 $Ca-HCO_3$ 型和 $Ca-Mg-HCO_3$ 为主。地下水、静止地表水和流动地表水的水化学类型年际间无明显变化（黄丽等，2019，2020）。

CERN 农田及绿洲农田生态系统水体总氮（TN）浓度要高于森林生态系统。农田及绿洲农田生态系统地表水氮污染较为严重，其平均浓度均超过 1.0 mg/L（Xu et al.，2014）。地表水磷的累积加剧了水体富营养化。29 个 CERN 生态站 2004—2010 年 29 个静止地表水（湖泊、水库）点位和 54 个流动地表水（河水）点位的监测数据表明，森林生态系统地表水总磷浓度没有超过中国地表水环境质量标准（GB 3838—2002）中 V 类水的标准（静止地表水 0.2 mg，流动地表水 0.4 mg/L），说明森林生态系统地表水基本上没有受到总磷污染。总磷在农田生态系统空间差异明显，南部地区静止地表水的总磷中值（0.09 mg/L）显著高于北部（0.06 mg/L）和西北部（0.04 mg/L）。南部流动地表水的总磷中值（0.12 mg/L）也显著高于北部（0.08 mg/L）和西北部（0.06 mg/L）。常熟、阜康、临泽、奈曼静止地表水的总磷超出 0.2 mg/L 频率为 43%～78%，海伦、常熟和沙坡头流动地表水总磷超过 0.4 mg/L 频率为 29%～100%。

硝态氮（NO_3^--N）是地下水主要的污染物之一。2004—2010 年，CERN 31 个典型陆地生态系统 38 个浅层地下水井硝态氮（NO_3^--N）的监测数据表明，农田（4.85±0.42 mg/L）、绿洲农田（3.72±0.42 mg/L）、城市（3.77±0.51 mg/L）生态系统 NO_3^--N 质量浓度平均值显著高于草地（1.59±0.35 mg/L）、森林（0.39±0.03 mg/L）生态系统 NO_3^--N 质量浓度平均值。我国农田生态系统受到施肥等农业活动影响，浅层地下水 NO_3^--N 存在一定程度污染，而森林生态系统地下水

$NO_3^- - N$ 基本处在自然水平，未受人类活动污染（Zhang et al.，2013；徐志伟等，2011）。进一步对农田、城市、农林复合生态系统硝酸盐进行了溯源研究（徐志伟等，2014），发现动物粪肥和生活污水可能是河水硝酸盐的主要来源，农田渗漏水可能是常熟地下水硝酸盐的主要污染源（Xia et al.，2017）；生活污水是北京城市生态系统地表水的主要污染来源（Ren et al.，2014b）；千烟洲农林复合生态系统受农业非点源污染，水体主要受有机污染源（动物粪便、生活污水）的影响，此外还会受到土壤有机质的影响并伴有反硝化作用的发生（Hao et al.，2018）。

1.3.3 中国典型森林生态系统生物多样性动态变化分析

森林生态系统不仅为各种物种提供主要栖息地，也为人类社会提供各种必不可少的生态系统功能和服务（Isbell et al.，2015）。同时，生物多样性通过生态系统过程和属性影响气候、水温调节、生产力和土壤保持等生态系统服务的产生和维持（范玉龙等，2016）。数十年来，许多生态学家已经意识到全球变化导致生物多样性迅速丧失，同时，反过来又可能导致重要生态系统功能和服务的降低（Duffy，2009；Isbell et al.，2011；Hooper et al.，2012；Liang et al.，2016；Huang et al.，2018）。

中国热带和亚热带常绿阔叶林覆盖了中国陆地面积的 26% 以上。该地区生物群落的可持续性对于维持当地碳固存、生物多样性保护、气候调节等生态系统服务至关重要。Zhou 等（2013）利用热带和亚热带地区 5 个野外研究站（天童山、鼎湖山、会同、西双版纳和哀牢山）、13 个永久样地的观测数据，研究了该区域生物群落数十年的变化。结果表明，自 1978 年以来，灌木和小乔木的个体数量和物种数量有所增加，乔木的个体和物种数量有所下降；同时，所有个体的平均胸径均呈下降的趋势。这表明，中国热带和亚热带常绿阔叶林可能正在从个体数量少且体积大的群落向个体数量大且体积小的群落进行过渡，呈现出不同以往文献记载的独特变化模式。此外，区域尺度的干旱可能是生物群落重组的原因。这种生物群系尺度的重建将深刻影响碳固存和生物多样性保护机制，并对该地区的可持续经济发展产生影响。

国内外学者围绕森林物种多样性的分布格局进行了广泛和深入的研究，全球和区域范围内低海拔地区不同生态系统的研究结果表明，植物群落物种多样性具有明显的纬度和海拔梯度变化规律（Ricklefs et al.，2016；Comita，2017；Kinlock et al.，2018）。吴安驰等（2018）基于中国 13 个典型森林生态系统乔木层群落植物的调查数据，利用物种丰富度、Shannon-Wiener 指数、Simpson 指数和 Pielou 指数 4 个 α 多样性指数量化了生物多样性，分析了物种多样性随经纬度的变化规律，并探讨了物种多样性空间的分布格局的影响因素。研究结果表明，13 个典型森林生态系统的 4 个物种多样性指数均随着经纬度的上升而有所下降，其中物种丰富度变化更为显著，Shannon-Wiener 指数、Simpson 指数和 Pielou 指数随经度上升变化不显著。物种多样性指数与植物特性、能量和水分因子的相关性分析结果表明，物种丰富度、Shannon-Wiener 指数和 Simpson 指数与年均温、最冷月均温、温度年较差和潜在蒸散量的相关性最为显著，Pielou 指数与年均温、最冷月均温、实际蒸散量、潜在蒸散量和郁闭度有显著相关关系。此外，方差分析表明，能量和水分的共同作用对物种多样性指数空间分布格局的解释率最高（15%～42%），植物特性、能量和水分因子三者共同作用的解释率次之（14%～27%），植物特性与能量因子或水分因子两者之间的共同作用以及植物特性和水分因子独立作用的解释率较小，其中能量因子的单独解释率高于植物特性或水分因子。

1.3.4 中国典型森林生态系统碳周转时间及碳汇分析

碳周转时间是指大气 CO_2 通过植物光合作用进入生态系统到通过生态系统呼吸作用、火灾等碳损失过程返回大气所平均消耗的时间（Barret et al.，2002；Friedlingstein et al，2006）。碳周转时间如何变化主导着生态系统碳源汇动态及其对全球变化响应的不确定性（Friend et al.，2014）。目前，生态系统碳周转时间的研究主要基于两种假设，即平衡态假设（Steady State Assumption）和非平衡态假设（Non-Steady State Assumption）。平衡态是一种相对理想的状态，即生态系统一定时期内碳输入与输出通量相等，可用长期稳定的碳输入代替碳输出估算碳周转时间（Rodhe，1978）。受限于生态系统碳输出过程的复杂性以及缺失长期连续观测数据，很多研究把平衡态假设不恰当地应用到存在较大碳源汇的生态系统，造成碳周转和碳源汇估算存在较大偏差。例如，平衡态假设估算碳库初值差异高达 6 倍（Exbrayat et al.，2014；Tian et al.，2015）；反演的碳周转、分配参数会显著低估碳周转时间和碳汇（Carvalhais et al.，2008；Zhou et al.，2013）；由于模拟的碳周转——气候之间响应的速率与方向与实际观测不一致，对区域和全球尺度固碳功能估算将产生较大影响（Carvalhais et al.，2014）。

现实情况下，生态系统受到人为（如土地利用变化）或自然（如虫灾、火灾）干扰、全球变化（如大气 CO_2 浓度上升、全球变暖、氮沉降）及植被生长等影响，呈现出动态的非平衡态（Luo et al.，2011）。在非平衡态下，生态系统是一个时变的非自治系统，碳输入和输出通量并不相等，生态系统各碳库随时间动态变化（$dC/dt \neq 0$），碳输出过程取决于受外部环境因子变化影响的各库碳分配系数和周转速率，这些过程共同决定碳周转时间的每一个瞬时态。

我国森林作为东亚季风区森林的重要组分，其碳汇大小与北美洲、欧洲两大森林碳汇区的量级相当，是全球重要的碳汇区之一（Yu et al.，2014）。Ge 等（2019）基于中国生态系统研究网络（CERN）东部季风区森林 10 个永久样地 2005—2015 年来长期监测的水土气生数据，发展了一个新的多源数据—模型融合框架，实现了非平衡态下中国典型森林生态系统碳周转和碳汇的估算，并揭示了传统的平衡态假设给生态系统碳周转时间及碳汇估算带来的偏差。结果表明，平衡态假设对典型森林生态系统碳周转时间显著低估 29%，导致该重要碳汇区的净生态系统生产力（Net Ecosystem Production，NEP）被低估 4.83 倍。平衡态假设引起的低估偏差与林龄密切负相关，这对该假设在中幼龄林的应用具有重要警示意义。平衡态假设下碳周转时间对温度、降水的敏感性分别被低估 22% 和 42%，在增温以及降水变异增强的全球变化背景下，将低估碳周转时间的时空变异，从而引起 NEP 估算的较大误差。平衡态假设下碳周转及其对气候响应不确定性的定量分析促进了未来研究对区域及全球碳循环及其气候反馈非平衡态的理解，提出的分析框架可结合长期数据模型同化有效降低固碳功能估算的不确定性。

1.3.5 中国典型森林生态系统水循环要素和土壤保持功能变化分析

土壤水分是森林生态系统水循环过程中重要的水文参量，决定了森林生态系统水源涵养能力，同时作为物质与能量循环的载体影响林木生长与发育。降水和蒸散是土壤水分最主要的主导因素，降水是土壤水分最主要的输入来源，大部分研究表明土壤水分与降水之间存在正相关关系，但两者之间的耦合强度大小存在差异；蒸散是主要的输出项，对土壤水分的影响受土壤水分大小的控制，使得两者之间的关系存在不确定性（Tuttle et al.，2017）。基于 9 个森林台站的土壤水分、降水、温度、辐射等长期观测数据，常清青等（2021）分析了 2005—2016 年森林土壤水分的时空分异及其影响因素。结果表明我国典型森林生态系统的土壤水分在空间上呈现中温带、亚热带、热带土壤水分较高，暖温带土壤水分较低的分布特征，降水蒸散差（降水与蒸散的差值）可以解释我国森林生态系统土壤水分空间分异的 62%；我国北部与东部季风区森林区域土壤水分呈上升趋势，降水上升是主因，西南地区森林生态系统土壤水分呈下降趋势，该趋势由降水下降与蒸散上升共同导致；土壤水分时间分异与降水蒸散差的相关性最高。

潜在蒸散（Potential Evapotranspiration，PET）表示在一定气象条件下，水分供应不受限制时，某一固定下垫面可能达到的最大蒸发蒸腾量。它是估算实际蒸散量、评价区域干湿状况和制定水资源管理决策的重要指标。利用 Penman-Monteith 和 Priestley-Taylor 模型计算的森林生态系统潜在蒸散结果表明，1998—2017 年 CERN 11 个森林生态系统中有 7 个森林的潜在蒸散呈下降趋势，风速是长白山温带针阔混交林和鹤山亚热带人工常绿阔叶林潜在蒸散变化的主导因子，而净辐射主导了其他 9 个森林的潜在蒸散变化（孙婉馨等，2020）。

森林生态系统有明显的土壤保持作用，林冠层能够拦截降水且减弱雨滴对土壤表层的直接冲击和侵蚀，根系可以固持土壤，阻滞土壤颗粒流失，改良土壤结构。Borrelli 等研究认为，减少全球 4.1％的森林面积会使全球增加 52％的土壤侵蚀量。目前森林生态系统土壤保持功能的研究重点集中在区域土壤侵蚀量、侵蚀强度或土壤保持功能价值等方面，鲜见对不同类型森林生态系统土壤保持功能差异的研究（Borrelli et al.，2017）。基于通用土壤流失方程对 CERN 10 个典型森林生态系统土壤保持功能的评估结果表明，我国典型森林生态系统土壤保持量变化范围为 4.44～891.67 t/（hm² · 年），呈现北低南高的空间格局，土壤保持率达到 97％以上；降水、归一化植被指数、土壤质地和植被林龄是影响森林生态系统土壤保持功能的主要影响因素，降水量与土壤保持量显著相关，NDVI 和土壤质地与实际土壤侵蚀量显著相关，林龄是影响森林土壤保持率变化的重要因素（董蕊等，2020）。

CERN 典型森林生态系统站点概况

2.1 CERN 森林生态站点分布

我国 2014—2018 年第九次全国森林资源清查结果显示，中国森林覆盖率 22.96%，森林面积 2.2 亿 hm²，森林蓄积 175.6 亿 m³。中国森林主要分布在中国的东部和南部，其中常绿森林占森林面积的 56.2%，落叶森林占 43.8%。亚热带针叶林、温带落叶阔叶林、寒温带和温带山地针叶林 3 种类型分别占森林面积的 31.2%、26.1% 和 10.4%。

CERN 现有 13 个森林生态站，覆盖了温带、亚热带、热带多个气候带以及针叶林、阔叶林、混交林等多种林型，代表了我国从南到北水热梯度上典型的森林生态系统类型（图 2-1），包括西双版纳热带季节雨林（BNF）、鹤山亚热带人工季风常绿阔叶林（HSF）、鼎湖山亚热带季风常绿阔叶林（DHF）、哀牢山亚热带中山湿性常绿阔叶林（ALF）、普定喀斯特常绿与落叶阔叶混交林（PDF）、

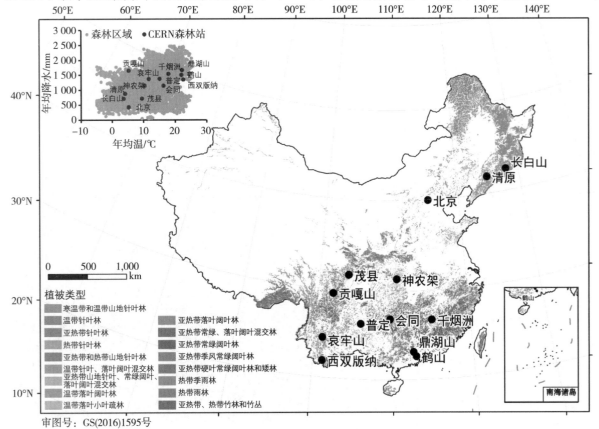

审图号：GS(2016)1595号

图 2-1 中国森林植被类型和森林站分布图

千烟洲亚热带人工常绿针叶混交林（QYA）、会同亚热带常绿阔叶林（HTF）、贡嘎山亚热带亚高山暗针叶林（GGF）、神农架亚热带常绿落叶阔叶混交林（SNF）、茂县亚热带亚高山针阔混交林（MXF）、北京暖温带落叶阔叶混交林（BJF）、清原温带次生针叶阔叶林（QYF）以及长白山中温带落叶针阔混交林（CBF）。其中 BNF、DHF、ALF、SNF 和 CBF 站以成熟的天然林为主，HTF、QYF 以天然次生林为主，其他站点以人工林或中幼龄林为主。自建站以来，各森林台站研究区域均保护完好，人为干扰活动较少。本书主要采用建站时间较早、观测数时间序列较长的 11 个森林生态站数据进行整理和绘图。清原站和普定站于 2014 年加入 CERN，这 2 个生态站的观测数据尚未包含在本书中。

2.2 典型森林生态系统定位观测样地基本信息

根据《中国生态系研究网络（CERN）长期观测规范》，各森林生态系统定位研究站均设有长期观测场地保证长期观测和研究工作的实施。每个站均建有 1～2 个综合观测场、至少 1 个气象观测场、若干个辅助观测场以及站区观测点。其中，综合观测场代表研究区域内最具代表性的生态系统类型，植被和土壤相对均质，且具有足够大的面积，以保证长期取样不重复。本书中气象要素观测数据源自气象观测场，生物、土壤和水分要素数据主要源自综合观测场。下文简要介绍了 11 个森林生态系统定位研究站观测场地的基本情况。综合观测场地的概况信息见表 2-1，综合观测场的各项观测指标见表 2-2。各个森林站观测场地详细信息可参见 2011 年出版的《中国生态系统定位观测与研究数据集：森林生态系统卷》。

2.2.1 综合观测场

2.2.1.1 长白山森林综合观测场

中国科学院长白山森林生态系统定位观测站位于吉林省安图县二道白河镇长白山北坡，在长白山国家级自然保护区内。长白山随着海拔的升高植被出现明显的垂直分布，其中阔叶红松林是长白山区地带性植被类型，分布面积广，林分结构复杂，对它进行长期动态研究，对了解长白山区森林的生态功能、合理永续利用森林资源、改善环境具有重要意义。长白山阔叶红松林天然森林生态系统为原始森林受干扰后自然演替而成的顶级群落。该地段人类活动轻度，主要为采集野菜、蘑菇、松子和养蜂，无任何采伐。

长白山阔叶红松林综合观测场于 1998 年建立，海拔 784 m，观测面积为 40 m×40 m。主要优势物种有红松、水曲柳、紫椴、蒙古栎、色木槭，土壤为棕色针叶林土。样地年均温3.5 ℃，年降水量 700～800 mm，>10 ℃ 有效积温>2 335 ℃，无霜期 100～120 d。年平均湿度71%～72%，年干燥度 0.53。观测场观测及采样地包括：（1）综合观测场土壤生物采样地；（2）综合观测场中子管采样地；（3）综合观测场烘干法采样地；（4）综合观测场树干径流采样地；（5）综合观测场穿透降水采样地；（6）综合观测场枯枝落叶含水量采样地。长白山森林生态站综合观测场景观见图 2-2，图2-3为综合观测场仪器布设平面示意图。

图 2-2 长白山森林生态站综合观测场景观

表 2-1 CERN 典型森林生态系统综合观测场基本信息

	代表站点	CBF	BJF	MXF	SNF	GGF	HTF	QYA	ALF	DHF	HSF	BNF
植被因素	类型	中温带落叶针阔混交林	暖温带落叶阔叶混交林	亚热带亚高山针阔混交林	亚热带常绿落叶阔叶混交林	亚热带亚高山暗针叶林	亚热带常绿阔叶林	亚热带人工常绿针叶混交林	亚热带中山湿性常绿阔叶林	亚热带季风常绿阔叶林	亚热带人工常绿阔叶林	热带季节雨林
	优势种	红松	辽东栎	华山松、油松、锐齿槲栎	米心水青冈、多脉青冈	冷杉、云杉、桦树、杜鹃	栲树、青冈、刨花楠	马尾松、湿地松、杉木	木果柯、硬壳柯、变色锥	锥、木荷、厚壳桂	马占相思	番龙眼、千果榄仁
气象因素	林龄/年	200	30~50	20~30	>300	>150	>300	35	>300	400	约30	约200
	年均温/℃	3.62	5.2	9.47	10.32	5.22	16.34	17.9	11.65	22.19	22.01	22.58
	年均降水/mm	712.3	427.88	716.86	1 150.67	1 653.00	1 149.31	1 542	1 373.73	1 668.97	1 505.78	1 354.3
	空气湿度/%	68.46	63.83	77.82	83.88	89.32	80.96	83.42	82.22	76.84	79.38	82.89
	年光合有效辐射/(MJ/m²)	1 965.72	1 484.85	1 664.19	1 699.98	1 512.71	1 562.15	1 810.94	2 020.78	1 881.55	1 823.06	2 206.02
土壤因素	土壤类型	棕色针叶林土	褐土	褐土	黄棕壤	棕色针叶林土	红壤	红壤	山地黄棕壤	赤红壤	红壤	砖红壤
地形因素	地貌	山前玄武岩台地	中山	高山峡谷	中山山地	高山深谷	山地中丘陵	低山丘陵	中山山顶丘陵	低山中坡	低山丘陵	山地
	海拔/m	784	1 259~1 269	1 816	1 650	3 160	300~415	102	2 488	230~350	58.24	730

表 2-2　综合观测场观测指标

观测内容	采样地名称		观测要素
生物监测	生物土壤永久样地/生物土壤破坏性采样地	①生境要素：植物群落名称、群落高度、水分状况、动物活动、人类活动、生长/演替特征	
		②乔木层每木调查：胸径、高度、生活型、生物量	
		③乔木、灌木、草本层物种组成和数量：株数/多度、平均高度、平均胸径、盖度、生活型、生物量、地上地下部总干重（草本层）	
		④树种的更新情况：平均高度、平均基径	
		⑤群落特征：分层特征、层间植物状况、叶面积指数	
生物监测	生物土壤永久样地/生物土壤破坏性采样地	⑥凋落物各部分干重	
		⑦乔灌草物候：出芽期、展叶期、首花期、盛花期、结果期、枯黄期	
		⑧优势植物和凋落物元素含量与能值：全碳、全氮、全磷、全钾、全钙、全镁、热值	
		⑨鸟类种类与数量	
		⑩大型野生动物种类与数量	
土壤监测		①硝态氮、铵态氮、速效磷、速效钾、有机质、全氮、pH、凋落物厚度	
		②缓效钾、阳离子交换量、土壤交换性钙、镁、钠、钾、有效硫、有效磷、容重、微量元素全量	
		③重金属、机械组成、土壤矿质全量、剖面下层容重	
水分监测	土壤水分（中子管）采样地	①土壤含水量（体积）	
	土壤水分（烘干法）采样地	②土壤含水量（重量）	
	树干径流采样地	③树干径流量	
	穿透降水采样地	④穿透降水量	
	枯枝落叶含水量采样地	⑤枯枝落叶含水量	

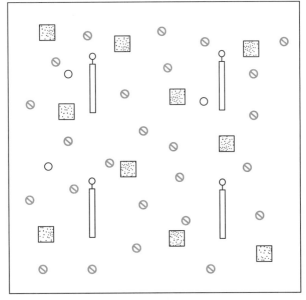

□ 穿透雨收集槽0.2 m×5.82 m
○ 穿透雨测量系统
⊘ 树干径流观测系统
▦ 枯枝落叶承楼盘
○ 中子管

图 2-3　长白山森林生态站综合观测场仪器布设平面示意图

2.2.1.2　北京森林综合观测场

中国科学院北京森林生态系统定位研究站位于北京门头沟区齐家庄乡小龙门国家森林公园内。该地区属于太行山脉小五台山的余脉，其境内有北京市最高峰东灵山，所在地区属暖温带半湿润季风气候。站区内有华北山地广泛分布的森林类型，包括油松和华北落叶松林、辽东栎林、落叶阔叶混交林等。东灵山的地带性植被是以落叶栎林为优势种和建群种的暖温带落叶阔叶林。

北京暖温带落叶阔叶林综合观测场 1990 年建立，海拔 1 259～1 269 m，观测面积为 70 m×30 m。主要优势物种有辽东栎、黑桦和糠椴，土壤类型为褐土。年平均气温为 5.2 ℃，年均降水 428 mm，>0 ℃有效积温为 3 600～3 800 ℃，无霜期在 160 d 以下。观测场观测及采样地包括：（1）综合观测场土壤水分采样地；（2）综合观测场中子管采样地；（3）综合观测场烘干法采样地；（4）综合观测场树干径流观测和采样地；（5）综合观测场穿透降水观测和采样地；（6）综合观测场地表径流观测场。北京森林生态站综合观测场景观见图 2-4，图 2-5 为综合观测场仪器布设平面示意图。

图 2-4　北京森林生态站综合观测场景观

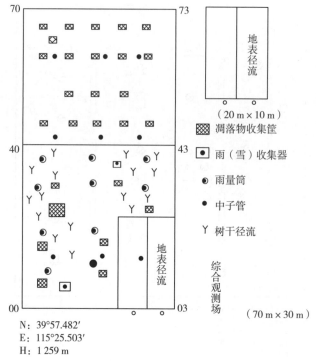

N：39°57.482′
E：115°25.503′
H：1 259 m

图 2-5　北京森林生态站综合观测场仪器布设平面示意图

2.2.1.3　神农架森林综合观测场

　　中国科学院神农架生物多样性定位研究站位于鄂西神农架地区，属秦巴山地常绿—落叶阔叶林生态区，以北亚热带常绿落叶阔叶混交林为主，代表了秦巴山地地带性森林生态系统类型。神农架森林垂直带谱完整，是中国和世界生物多样性保护关键地区，备受国内外关注；在森林水文的研究和监测中具有不可替代的重要地位。常绿落叶阔叶混交林，是我国北亚热带的地带性植被，以水青冈属和青冈属的乔木树种为标志种。

　　神农架亚热带常绿落叶阔叶混交林综合观测场于2009年建立，海拔1 450～1 700 m。优势种为米心水青冈和多脉青冈，土壤为山地黄棕壤。样地年均温10.3 ℃，年降水1 100～2 000 mm，＞10 ℃有效积温5 000 ℃，无霜期为220 d。观测场观测及采样地包括：（1）固定样地100 m×100 m；（2）生物土壤破坏性采样地40 m×40 m，含土壤水分（烘干法）采样地（SNFZH01CHG＿01）；（3）水分监测采样地，包括测流堰（小流域地表径流SNFZH01CKZ＿01）、人工径流场［坡面地表径流（SNFZH01CKZ＿01）］、土壤水分

图 2-6　神农架森林生态站综合观测场景观

（TDR）采样地（SNFZH01CTS＿01）、树干径流采样（SNFZH01CSJ＿01）、穿透降水采样（SNFZH01CSJ＿01）等。样地位于自然保护区的中心地带，植被保护较好。现阶段群落为顶极群落。神农架森林生态站综合观测场景观见图2-6，图2-7为综合观测场仪器布设平面示意图。

1	2	3	4	5	6	7	8	9	10
11	12	13	14	15	16	17	18	19	20
21	22	23	24	25	26	27	28	29	30
31	32	33	34	35	36	37	38	39	40
41	42	43	44	45	46	47	48	49	50
51	52	53	54	55	56	57	58	59	60
61	62	63	64	65	66	67	68	69	70
71	72	73	74	75	76	77	78	79	80
81	82	83	84	85	86	87	88	89	90
91	92	93	94	95	96	97	98	99	100

（1）

1	2	3	4
5	6	7	8
9	10	11	12
13	14	15	16

（2）　　　　　（3）

（1）固定样地100 m×100 m：Ⅱ级样方大小为10 m×10 m，样方号从1到100，阴
　　影所示的13个Ⅱ级样方为灌木样方，每个灌木样方中围取2个固定位置的
　　2 m×2 m草本样方。
（2）破坏性采样地40 m×40 m：植物、土壤、微生物破坏性采样。
（3）人工径流场8 m×20 m，2个：土壤含水量，穿透水、树冠径流监测与采样。

图2-7　神农架森林生态站综合观测场仪器布设平面示意图

2.2.1.4　茂县森林综合观测场

　　中国科学院茂县森林生态系统定位研究站位于四川省阿坝藏族羌族自治州茂县，地处长江上游青藏高原东缘高山峡谷地带的岷江上游。山地气候立体分异明显，植被基带为西南高山峡谷区典型的干旱河谷旱生灌丛，向上依次为针叶阔叶混交林带—亚高山暗针叶林带—高山灌丛草甸带—流石滩稀疏植被，是西南高山峡谷区山地森林生态系统的缩影，在山地生态恢复与特色生物资源的可持续利用方面具有极强的区域代表性和学科代表性。

　　茂县综合观测场2003年建立，海拔1 891 m，观测面积22 500 m²，该场地处于成片的人工松林中，主要为华山松、油松针叶混交林，土壤类型为淋溶褐土和棕壤，是该地区同一海拔区域土壤类型的代表。年均温9.3 ℃，年均降水825.2 mm，年蒸发量968.7 mm。2003年以来，该观测场一直持续使用，采取封闭管理，人为干扰大大降低，乔木层郁闭度增加，林下灌木层植物和幼树减少。观测场观测及采样地包括：（1）综合观测场生物土壤永久样地；（2）综合观测场生物土壤破坏性采样地；（3）综合观测场土壤水分烘干法采样地；（4）综合观测场土壤水分观测样地；（5）综合观测场人工径流观测样地；（6）综合观测场树干径流观测样地；（7）综合观测场穿透降雨观测样地；（8）综合观测场枯枝落叶含水量观测样地。茂县森林生态站综合观测场景观见图2-8，图2-9为综合观测场仪器布设平面示意图。

图2-8　茂县森林生态站综合观测场景观

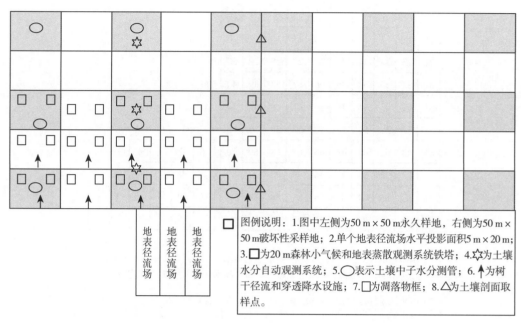

图 2-9　茂县森林生态站综合观测场仪器布设平面示意图

2.2.1.5　贡嘎山森林综合观测场

　　中国科学院贡嘎山森林生态系统定位观测站位于青藏高原东缘贡嘎山东坡海螺沟内，在成都西部 360 km 左右。贡嘎山地处四川盆地与青藏高原的过渡带，属于典型的高山深谷地貌类型区，气候、生物、水文、土壤等自然环境要素的水平与垂直变异十分明显，形成了亚热带农田、山地原始森林和海洋性冰川等多样性独特景观，是生态系统类型及生物多样性极为丰富的关键区域。贡嘎山站的研究区域无论从山体高度和垂直高差，以及自然垂直带谱的完整性在我国均为独有，在世界上也堪称前列。贡嘎山峨眉冷杉成熟林，群落外貌为暗针叶林，是贡嘎山地区海拔 2 800～3 600 m 最具代表性的垂直地带性森林植被类型。

　　贡嘎山峨眉冷杉成熟林综合观测场于 1999 年建立，海拔 3 160 m，观测面积 1 457 000 m²。主要优势种为峨眉冷杉、糙皮桦、杜鹃、花楸等，土壤为棕色针叶林土。样地年均温 5.2 ℃，年降水 1 700～2 200 mm，＞10 ℃有效积温 992～1 304 ℃，年均无霜期 177.1 d。年平均湿度 90%，年干燥度 9.3%。观测场观测及采样地包括：（1）综合观测场生物土壤永久采样地；（2）综合观测场生物土壤破坏性采样地；（3）综合观测场枯枝落叶含水量采样地；（4）综合观测场土壤水分观测样地；（5）综合观测场观景台沟流动地表水观测点；（6）综合观测场观景台沟径流观测点；（7）综合观测场马道沟流动地表水采样点；（8）综合观测场马道沟径流观测点；（9）综合观测场地下水埋深观测井。贡嘎山森林生态站综合观测场景观见图 2-10，图 2-11 为综合观测场仪器布设平面示意图。

图 2-10　贡嘎山森林生态站综合观测场景观

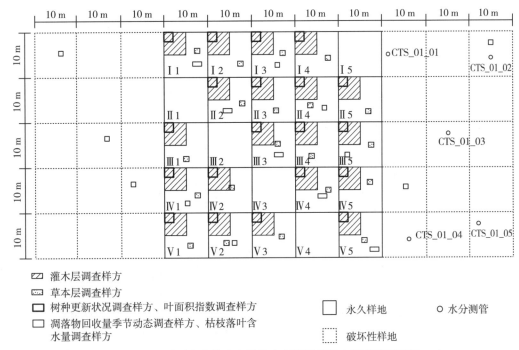

图 2-11　贡嘎山森林生态站综合观测场仪器布设平面示意图

2.2.1.6　会同森林综合观测场

中国科学院会同森林生态实验站位于湖南省会同县广坪镇，是中国科学院在中亚热带常绿阔叶林区域建站历史最长的生态站。会同站地处云贵高原向江南丘陵的过渡地带，独特的低山丘陵地貌、土壤类型和气候条件的组合孕育了物种资源丰富的地带性常绿阔叶林。生态站一直围绕我国栽培面积最大的杉木人工林开展调查和试验研究。在开展人工林长期生态学研究的同时，对常绿阔叶林群落结构、树种组成以及演替规律、生物生产力以及土壤质量性状等也开展定位研究，这些研究成果和数据积累对于区域的森林生态系统的可持续经营管理也将提供理论依据。

会同常绿阔叶林综合观测场建立于 1997 年，面积 15 000 m²。永久样地面积约 5 000 m²，内设 (20 m×100 m) + (10 m×50 m) 的一个一级样方，一级样方内又划分为 25 个 10 m×10 m 的二级样方，整个一级样方用围栏永久性保护。乔木层组成主要有栲树、青冈、刨花楠，伴生树种有樟树、枫香、黄杞、笔罗子等。土壤为红壤或红黄壤，属典型中亚热气候区，年平均气温 16.5 ℃，年降水量为 1 200～1 400 mm。观测场观测及采样地包括：（1）会同常绿阔叶林综合观测场永久样地；（2）会同常绿阔叶林综合观测场破坏性样地；（3）会同常绿阔叶林综合观测场穿透降水监测区；（4）会同常绿阔叶林综合观测场枯枝落叶含水量监测区；（5）会同常绿阔叶林综合观测场树干径流监测区；（6）会同常绿阔叶林综合观测场烘干法土壤含水量监测区；（7）会同常绿阔叶林综合观测场中子仪法土壤含水量监测区；（8）会同常绿阔叶林综合观测场地表径流监测场。会同森林生态站综合观测场景观见图 2-12，图 2-13 为综合观测场仪器布设平面示意图。

图 2-12　会同森林生态站综合观测场景观

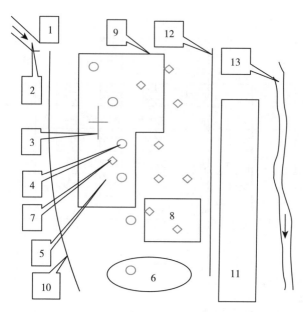

1. 试验林场场部 2. 村级公路 3. 穿透雨十字槽收集器 4. 中子仪测管 5. 枯枝落叶含水量采样区 6. 烘干法土壤含水量采样区 7. 树干径流监测点 8. 地表径流监测区 9. 永久样地 10. 林间小道 11. 土壤生物破坏性取样地 12. 1998 年前农田灌溉渠道 13. 山沟小溪流。

图 2-13 会同森林生态站综合观测场仪器布设平面示意图

2.2.1.7 千烟洲森林综合观测场

中国科学院千烟洲亚热带森林生态系统观测研究站（简称千烟洲站），位于江西省泰和县灌溪镇（115°04′13″E，26°44′48″N），地处亚热带典型红壤丘陵区，地带性植被为亚热带常绿阔叶林，但原生植被已完全破坏，现主要为人工林。千烟洲站以亚热带原生常绿阔叶林、人工林等生态系统为研究对象，研究森林生态系统结构、功能和过程及其对环境变化响应规律，揭示森林群落构建机制及地上—地下生态过程协同作用机制，明确生态系统—流域—区域多尺度物质循环机制，同时开展森林生态系统多目标经营与服务功能提升试验示范，服务于区域生态环境建设和可持续发展。

千烟洲针叶林综合观测场始 2002 年建立，海拔 70～112 m，观测面积 400 200 m²。主要优势物种有马尾松、湿地松和杉木，土壤类型为红壤，年均温 17.9 ℃，年均降水量 1 489 mm，>0 ℃有效积温为 6 543.8 ℃，无霜期 290 d。综合观测场观测及采样地包括：（1）综合观测场生物土壤永久采样地；（2）综合观测场生物土壤破坏性采样地；（3）综合观测场土壤水分观测样地；（4）综合观测场坡面径流场；（5）综合观测场 8 号堰径流观测点；（6）综合观测场上松塘出水口径流观测点；（7）综合观测场上松塘出水口径流观测点；（8）综合观测场地下水埋深观测井；（9）综合观测场松塘静止地表水观测点。千烟洲森林生态站综合观测场景观见图 2-14，图 2-15 为综合观测场仪器布设平面示意图。

图 2-14 千烟洲森林生态站综合观测场景观

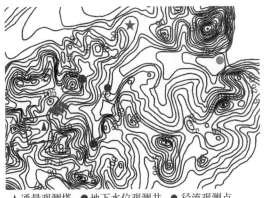

▲ 通量观测塔　● 地下水位观测井　● 径流观测点

★ 气象观测场　● 静止地表水采样点　▬ 坡面径流场

□ 永久采样地　⬚ 破坏性采样地

图 2-15　千烟洲森林生态站综合观测场仪器布设平面示意图

2.2.1.8　哀牢山森林综合观测场

　　中国科学院哀牢山森林生态系统定位观测站位于云南省普洱市景东彝族自治县太忠乡的徐家坝，在哀牢山国家级自然保护区内。这里生长着茂盛的原生亚热带山地湿性常绿阔叶林，森林面积较大，林相完整，结构复杂，生物资源丰富，并且地势平坦。观测场保护完好，禁止放牧及森林砍伐，人为干扰活动较少。

　　哀牢山中山湿性常绿阔叶林综合观测场位于哀牢山徐家坝中心地带，在哀牢山国家级自然保护区北段的实验区内，植被主要是典型的中山湿性常绿阔叶林，地形相对平坦开阔，为中山山顶丘陵，附近有一人工修建的灌溉水库（杜鹃湖）。乔木树种主要由壳斗科、茶科、樟科及木兰科的种类组成。土类为黄棕壤，亚类为黄棕壤土。年平均气温 11.3 ℃，年均降水 1 981.8 mm，年蒸发量 1 290.4 mm，年平均空气湿度 87 %，年日照时数 1 404.0 h，无霜期 160 d 左右。哀牢山综合观测场可以进行包括生物、水分和土壤等学科的监测，在观测场内有长期采样地 14 个点。哀牢山森林生态站综合观测场景观见图 2-16，图 2-17 为综合观测场仪器布设平面示意图。

图 2-16　哀牢山森林生态站综合观测场景观

•10	9	8	7	6	5	4	3	2	1
20	19	18	17	16	15	14	13	12	11
30	29	28	27	26	25	24	23	22	21
40	39	38	37	36	35	34	33	32	31
50	49	48	47	46	45	44	43	42	41
60	59	58	57	56	55 ★ 20	54	53 10	52	51 ★
70	69	68	67	66	65 22	64 ★	63 12	62 ★	61
80	79	78	77	76	75	74 18	73	72 8	71
90	89	88	87	86	85	★84	83	★82	81
•100	99	98	97	96	★95	94	93	92	91

N↑

Ⅰ级样方面积100 m×100 m,
Ⅱ级样方面积10 m×10 m
■表示灌木层调查小样方（5 m×5 m）
◆表示草本层调查小样方（2 m×2 m）
□表示凋落物收集框（1 m×1 m）
◇表示幼苗监测小样方（2 m×2 m）
●表示土壤水分管
★表示叶面积指数监测点

图2-17 哀牢山森林生态站综合观测场仪器布设平面示意图

2.2.1.9 鼎湖山森林综合观测场

中国科学院鼎湖山森林生态系统定位研究站（以下简称鼎湖山站）1978年建立，位于广东省肇庆市的鼎湖山国家级自然保护区内。鼎湖山属于南亚热带季风气候，拥有保存完好的地带性顶极森林群落-亚热带季风常绿阔叶林及丰富的过渡植被类型，被称为北回归线上的绿色明珠，为森林生态系统演替过程与格局的研究及退化生态系统恢复与重建的参照提供了天然的理想研究基地。

鼎湖山亚热带季风常绿阔叶林面积约22 018 hm²，综合观测场于1978年建立，海拔230～350 m，永久样地面积为100 m×100 m。主要优势种为锥、木荷、厚壳桂、肖蒲桃、云南银柴等，土类和亚类均为赤红壤。样地年均温21 ℃，年均降水1 956 mm，>10 ℃有效积温>7 500 ℃，蒸发量1 115 mm。地下水埋深深度3 m，年平均湿度82%，年干燥度0.58。观测场观测及采样地包括：（1）综合观测场季风林永久样地；（2）综合观测场季风林破坏性样地；（3）综合观测场季风林土壤水分观测样地；（4）综合观测场季风林烘干法样地；（5）综合观测场季风林地表径流观测样地；（6）综合观测场季风林树干径流观测样地；（7）综合观测场季风林穿透降水观测样地；（8）综合观测场季风林枯枝落叶含水量观测样地。鼎湖山森林生态站综合观测场景观见图2-18，图2-19为综合观测场仪器布设平面示意图。

图2-18 鼎湖山森林生态站综合观测场景观

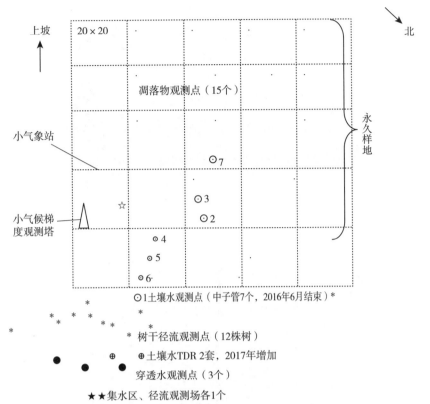

图 2-19　鼎湖山森林生态站综合观测场仪器布设平面示意图

注：样地外围的植被类型与样地内的一致，为了便于观测并尽量减少对样地的破坏，

把一些观测点设在样地外，只有小气候观测塔和凋落物观测在样地内。图中并不一定是确切位置。

2.2.1.10　鹤山森林综合观测场

中国科学院鹤山森林生态系统定位研究站位于广东省中部的鹤山市，该地区属于南亚热带粤中丘陵地区，历史上为森林地带，顶极群落是亚热带季风常绿阔叶林，但由于不断增长的人类活动影响，造成植物严重退化、水土流失、土壤贫瘠。

马占相思林综合观测场建立于 1983 年，海拔高度 77.3 m，观测场面积为 45 800 m²。乔灌草层的优势种分别为：马占相思（乔木），梅叶冬青、桃金娘（灌木），三叉苦（灌木），芒萁（草本），土壤类型为红壤，亚类为赤红壤。样地年均温为 21.7 ℃，年均降水 1 761 mm，＞10 ℃有效积温 7 597.2 ℃，年平均湿度 75%，年干燥度 69%。该观测场建立之前为南亚热带退化荒草坡，人类活动干扰频繁，无法自然演替；通过人工种植而成的常绿阔叶林马占相思纯林。目前，观测场内人类活动为轻度，大部分区域用于长期监测实验，少量区域干扰较大，但通常不作为观测采样地。动物活动主要为蛇、鼠和鸟类。观测场观测及采样地包括：（1）马占相思林综合观测场永久样地；（2）马占相思林综合观测场破坏性样地；（3）马占相思林综合观测场土壤水分采样地；（4）马占相思林综合观测场树干径流采样点；（5）马占相思林综合观测场穿透降水采样点；（6）马占相思林综合观测场烘干法采样点；（7）马占相思林综合观测场人工径流场（1 号）；（8）马占相思林综合观测场人工径流场（2 号）；（9）马占相思林综合观测场枯枝落叶含水量采样点；（10）马占相思林综合观测场流动地表水采样点；（11）马占相思林综合观测场小气候观测采样点；（12）马占相思林综合观测场土壤水采样点。鹤山森林生态站综合观测场景观见图 2-20，图 2-21 为综合观测场仪器布设平面示意图。

图 2-20　鹤山森林生态站综合观测场景观

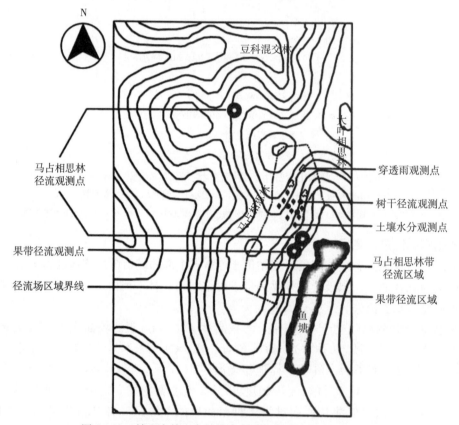

图 2-21　鹤山森林生态站综合观测场仪器布设平面示意图

2.2.1.11　西双版纳森林综合观测场

　　中国科学院西双版纳热带雨林生态系统研究站（简称西双版纳站）位于云南省西双版纳傣族自治州勐腊县勐仑镇葫芦岛。西双版纳站所处区域的地带性植被类型为热带雨林和季节雨林，是我国大陆热带雨林集中分布的重要区域，同时也是东南亚热带雨林分布的最北缘。由于地处古热带植物区系向泛北极植物区系的过渡区、东亚植物区系向喜马拉雅植物区系的过渡区，该区的生物区系成分十分复杂、物种多样性高度富集。

　　西双版纳热带季节雨林综合观测场于 1993 年建成，海拔 750 m，观测面积为 100 m×100 m。主要优势物种有番龙眼和千果榄仁，土壤类型为黄色砖红壤。年平均气温为 21.5 ℃，年均降水 1 557 mm，>10 ℃有效积温为 7 860 ℃，终年无霜。观测内容包括生物、水分、土壤和气象数据。观测场观测及采样地包括：（1）综合观测场土壤水分采样地；（2）综合观测场中子管采样地；（3）综合观测场烘干法采样地；（4）综合观测场树干径流采样地；（5）综合观测场穿透降水采样地；（6）综合观测场枯枝落叶含水量观测场。西双版纳森林生态站综合观测场景观见图2-22，图2-23为综合观测场仪器布设平面示意图。

图2-22　西双版纳森林生态站综合观测场景观

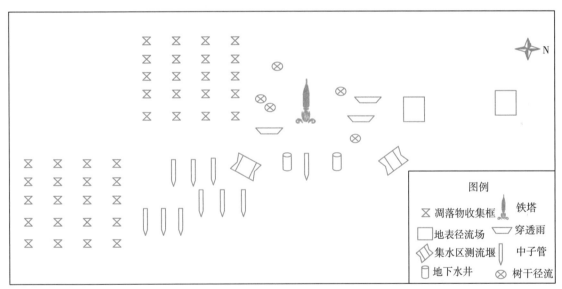

图2-23　西双版纳森林生态站综合观测场仪器布设平面示意图

2.2.2　气象观测场

各森林站的气象观测场原则上根据《中国生态系统研究网络（CERN）长期观测规范：生态系统大气环境观测规范》建立。气象观测场内观测项目主要包括：自动气象要素观测项目、人工气象要素观测项目和水分观测项目。自动气象要素观测项目包括：温度、空气湿度、露点温度、水汽压、气压、风向、风速、降水量、地表温度、土壤温度、太阳总辐射、光合有效辐射、紫外辐射等。人工气象要素观测项目包括：天气现象、天气状况、气温、气压、空气湿度、风向、风速、地表温度、日照时数、水面蒸发、降水量等。水分观测项目包括：土壤水分、雨水水质、土壤水分特征参数。各站气象观测场建立时间、观测场大小等信息见表2-3。

表 2-3　CERN 森林生态系统定位研究站气象观测场基本信息

生态站	建立年份	观测场大小	海拔高度/m	土壤类型	植被类型
CBF	1981	875 m²	738	暗棕壤	白桦次生林
BJF	1990	70 m×30 m	1 263	棕壤	暖温带落叶阔叶林
MXF	2003	22 500 m²	1 891	淋溶褐土和棕壤	华山松、油松针叶混交林
SNF	1998	40 m²	1 290	黄棕壤	草地
GGF	1988	25 m×25 m	3 000	粗骨土	演替林
HTF	1998	25 m×25 m	557	红黄壤	草地
QYA	1985	35 m×25 m	90	红壤	草地
ALF	2004	25 m×25 m	2 489	黄棕壤	草地
DHF	1992	200 m²	100	赤红壤	针阔叶混交林
HSF	1997	300 m²	75	赤红壤	草地
BNF	1959	25 m×25 m	565	砖红壤	草地

中国典型森林生态系统长期观测数据产品开发方法体系

3.1 森林生态系统长期观测数据产品体系

3.1.1 森林生态系统长期观测数据产品分类规则

森林生态系统长期观测数据产品分为大类、中类与小类。

3.1.1.1 大类

依据森林生态系统长期观测数据产品的内容属性，分为生态系统要素定位观测数据产品、生态系统过程与功能数据产品两大类。

（1）生态系统要素定位观测数据产品

有关水分、土壤、大气、生物等生态系统要素的定位观测数据产品。

（2）生态系统过程与功能数据产品

基于生态系统要素观测数据形成的支撑某种或多种生态系统服务功能的数据产品。

3.1.1.2 中类

生态长期定位观测数据产品依据生态系统要素主要类型划分 4 个中类：水环境要素定位观测数据产品、土壤要素定位观测数据产品、大气环境要素定位观测数据产品和生物要素定位观测数据产品。

生态系统过程与功能数据产品依据其支撑的生态系统服务进行中类的划分，分成 4 个数据产品中类：生产力和固碳服务功能数据产品、生物多样性功能数据产品、水源涵养功能数据产品和土壤保持功能数据产品。

3.1.1.3 小类

森林生态系统长期观测数据产品的各个中类划分为不同的小类。

（1）生态系统要素定位观测数据产品小类

①水环境要素定位观测数据产品，根据生态系统水环境的观测对象划分为水文要素观测数据产品与水化学要素观测数据产品 2 个小类。

②土壤要素定位观测数据产品，分为土壤物理性质数据产品、土壤化学性质数据产品 2 个小类。

③大气环境要素定位观测数据产品，分为地面气象要素观测数据产品、辐射观测数据产品 2 个小类。

④生物要素定位观测数据产品，以服务于生态系统结构、功能与动态研究为目标，划分为植物群落种类组成与物质生产观测数据产品、植物群落动态与物候观测数据产品、动物群落种类组成与结构观测数据产品、微生物群落生物量与结构观测数据产品 4 个小类。

（2）生态系统过程与功能数据产品小类

①生产力和固碳功能数据产品，分为生产力和固碳关键过程参数数据产品、生产力和固碳数据产品 2 个小类。

②生物多样性功能数据产品，分为生物多样性关键过程参数数据产品、生物多样性数据产品2个小类。

③水源涵养功能数据产品，分为水源涵养功能关键过程参数数据产品、水源涵养数据产品2个小类。

④土壤保持功能数据产品，分为土壤保持功能关键过程参数数据产品、土壤保持功能数据产品2个小类。

森林生态系统长期观测数据产品的分类体系如表3-1所示。

表3-1 森林生态系统长期观测数据产品分类体系

序号	大类	中类	小类	主要观测指标
1	生态系统要素定位观测数据产品	水环境要素定位观测数据产品	水文要素观测数据产品	土壤含水量、蒸发量、地表径流量、地下水位、穿透降水量、树干径流量、枯枝落叶层含水量等
			水化学要素观测数据产品	钙离子、镁离子、钾离子、钠离子、碳酸根、重碳酸根、氯化物、硫酸根、铵态氮、硝酸根、磷酸根、pH、溶解性有机碳、总氮、总磷等
		土壤要素定位观测数据产品	土壤物理性质数据产品	容重、土壤颗粒组成等
			土壤化学性质数据产品	土壤养分全量、土壤速效养分、土壤微量元素全量、土壤速效微量元素、土壤重金属、土壤矿质全量、土壤阳离子交换量等
		大气环境要素定位观测数据产品	地面气象要素观测数据产品	空气温度、空气湿度、气压、风、降水、地温等
			辐射观测数据产品	总辐射、净辐射、直接辐射、散射辐射、反射辐射、紫外辐射、光合有效辐射等
		生物要素定位观测数据产品	植物群落种类组成与物质生产观测数据产品	植物种类组成、植物群落种群数量特征、生物量、凋落物量、叶面积指数等
			植物群落动态与物候观测数据产品	树种更新状况、物候等
			动物群落种类组成与结构观测数据产品	鸟类、大型野生动物、土壤动物等
			微生物群落生物量与结构观测数据产品	土壤微生物群落生物量、土壤微生物群落结构等
2	生态系统过程与功能数据产品	生产力和固碳功能数据产品	生产力和固碳关键过程参数数据产品	碳分配系数、碳周转时间等
			生产力和固碳数据产品	总初级生产力（GPP）、净初级生产力（NPP）、植被碳密度、土壤碳密度等

（续）

序号	大类	中类	小类	主要观测指标
2	生态系统过程与功能数据产品	生物多样性功能数据产品	生物多样性关键过程参数数据产品	物种多度
			生物多样性数据产品	物种丰富度、Shannon-Wiener 指数、Simpson 指数、Pielou 指数等
		水源涵养功能数据产品	水源涵养功能关键过程参数数据产品	冠层降水再分配
			水源涵养数据产品	林冠层截留量、枯枝落叶蓄水量、土壤蓄水量、综合蓄水量等
		土壤保持功能	土壤保持功能关键过程参数数据产品	侵蚀性降雨量、降雨侵蚀力等
			土壤保持功能数据产品	潜在土壤侵蚀量、现实土壤侵蚀量、土壤保持量、土壤保持率等

3.1.2 数据产品分级规则

森林生态系统长期观测数据产品根据其处理、加工程度的不同划分为 0～4 级 5 个级别。

3.1.2.1 0 级产品（L0）

0 级产品为原始数据，包括直接在野外通过仪器设备自动采集并转化后形成的可读的数值数据、数字化的人工观测记录数据与野外调查记录数据以及实验室测定的数据。

3.1.2.2 1 级产品（L1）

1 级产品为质控数据产品，指基于 0 级产品进行筛选、规范化处理、质量检查与订正（如异常值剔除、无效数据标注）得到的数据产品。

3.1.2.3 2 级产品（L2）

2 级产品为基础加工数据产品，指 1 级产品经过插补或计算得到的各种产品数据。

3.1.2.4 3 级产品（L3）

3 级产品为尺度推绎数据产品，指利用 1 级产品或 2 级产品进行尺度上推所产生的数据产品，包括时间尺度的推绎数据产品（如从小时、日数据到月、年数据）和空间尺度的推绎数据产品（如从样方数据到样地、群落数据）。

3.1.2.5 4 级产品（L4）

4 级产品为融合分析数据产品，指基于 1 级产品或 2 级产品或 3 级产品，采用模型计算、融合处理等深度加工所产生的数据产品。

3.1.3 本书数据产品分类分级

基于上述分级规则，本书生成的森林生态系统要素定位观测数据产品分类分级体系详见表 3-2。

基于以上 0～3 级数据产品，生成森林生态系统过程与功能的 L4 级数据产品，分类分级体系如表 3-3 所示。

表 3-2　森林生态系统要素定位观测数据产品分类分级体系

中类	小类	数据产品名称	L0	L1	L2	L3
水环境要素定位观测数据产品	水文要素观测数据产品	土壤含水量观测数据产品	观测点 30 分钟/日尺度原始观测数据	质控后的观测点日尺度观测数据	—	样地尺度月、年统计数据
		穿透降水量观测数据产品	观测点日尺度记录数据	质控后观测点尺度日数据	—	样地尺度月、年统计数据
		树干径流量观测数据产品	观测点日尺度记录数据	质控后观测点日尺度观测数据	—	样地尺度月、年统计数据
		枯枝落叶层含水量观测数据产品	样方尺度日记录数据	质控后样方尺度日数据	—	样地尺度月、年统计数据
土壤环境要素定位观测数据产品	土壤物理性质数据产品	土壤容重观测数据产品	样方尺度测定结果（平均值）	质控后的样方尺度测定结果数据	—	样地尺度统计数据
		土壤机械组成观测数据产品	样方尺度测定结果（平均值）	质控后的样方尺度测定结果数据	—	样地尺度统计数据
		土壤有机质含量观测数据产品	样方尺度测定结果（平均值）	质控后的样方尺度测定结果数据	—	样地尺度统计数据
大气环境要素定位观测数据产品	地面气象要素观测数据产品	气温观测数据产品	自动观测小时/日尺度数据或人工观测记录小时尺度观测数据	质控后的小时尺度/日尺度观测数据	插补后的小时尺度/日尺度质控数据	月、年统计数据（包括根据已插补和未插补小时数据统计的结果）
		空气湿度观测数据产品	自动观测小时/日尺度数据或人工观测记录小时尺度观测数据	质控后的小时尺度/日尺度观测数据	插补后的小时尺度/日尺度质控数据	月、年统计数据（包括根据已插补和未插补小时数据统计的结果）
		降水量观测数据产品	人工观测记录小时尺度观测数据	—	—	月、年统计数据（包括根据小时数据统计的结果）

（续）

中类	小类	数据产品名称	L0	L1	L2	L3
大气环境定位要素观测数据产品	辐射观测数据产品	光合有效辐射观测数据产品	自动观测小时/日尺度数据	质控后的小时尺度/日尺度观测数据	插补后的小时尺度/日尺度质控数据	月、年统计数据（包括根据已插补和未插补小时数据统计的结果）
生物要素定位观测数据产品	植物群落种类组成与物质生产观测数据产品	森林乔木层物种多度观测数据产品	样方尺度调查数据	质控后的样方尺度调查数据	基于质控数据计算的样方尺度植物种类组成数据	样地尺度统计数据
		森林乔木层生物量观测数据产品	乔木层：样方尺度每木调查胸径、高度数据	乔木层：质控后的每木调查胸径、高度数据	基于质控后的每木调查计算的样方尺度生物量数据	样地尺度统计数据
		凋落物量观测数据产品	样方尺度月测定数据	质控后的样方尺度月数据		样地尺度月、年统计数据
		叶面积指数观测数据产品	样方尺度月测定数据	质控后的样方尺度月数据		样地尺度月、年统计数据
	植物群落与物候动态观测数据产品	物候观测数据产品	日尺度调查数据	质控后的日尺度数据		

表 3 - 3　森林生态系统过程与功能数据产品分类分级体系

中类	小类	L4
生产力和固碳功能数据产品	生产力和固碳关键过程参数数据产品	碳分配系数、碳周转时间
	生产力和固碳数据产品	乔木层植被碳密度、土壤有机碳密度、生态系统碳密度、总初级生产力（GPP）、净初级生产力（NPP）、净生态系统生产力（NEP）
生物多样性功能数据产品	生物多样性数据产品	物种丰富度、Shannon-Wiener 指数、Simpson 指数、Pielou 指数
水源涵养功能数据产品	水源涵养功能关键过程参数数据产品	穿透率、截留率、树干径流率
	水源涵养数据产品	枯枝落叶蓄水量、土壤蓄水量、综合蓄水量
土壤保持功能数据产品	土壤保持功能关键过程参数数据产品	侵蚀性降雨量、降雨侵蚀力
	土壤保持功能数据产品	潜在土壤侵蚀量、实际土壤侵蚀量、土壤保持量、土壤保持率

3.2　森林生态系统长期观测数据产品开发方法

　　本书基于 CERN 的 11 个森林野外生态站 2001—2015 年的长期定位观测数据，在进行了数据质量控制等处理后，估算了典型森林生态系统的固碳与生产力功能、水源涵养功能、生物多样性功能、土壤保持功能。其中与上述森林生态功能相关的气象、水分、土壤、生物要素的观测数据是整部书工作开展的基础。各指标的观测方法详见《陆地生态系统生物观测规范》《陆地生态系统土壤观测规范》《陆地生态系统大气观测规范》《陆地生态系统水环境观测规范》。

　　CERN 具有台站—分中心—综合中心三级数据质量控制体系，相关观测指标的数据质量保证与质量控制方法详见 2012 年出版的《陆地生态系统生物观测数据质量保证与质量控制》《陆地生态系统土壤观测质量保证与质量控制》《陆地生态系统水环境观测质量保证与质量控制》《生态系统气象辐射监测质量控制与管理》。本书在编制过程中，通过建立数据使用者和生产者的协同质量控制方法（图 3-1），加强网络层面科研人员与各生态站科研人员的联络、沟通与协作，通过时间序列对比、多站点对比、多要素对比、与文献研究结果对比等方式，进一步开展了相关指标的数据质量控制和缺失数据插补，从而提高数据准确度、一致性、完整性、可靠性和可比性。

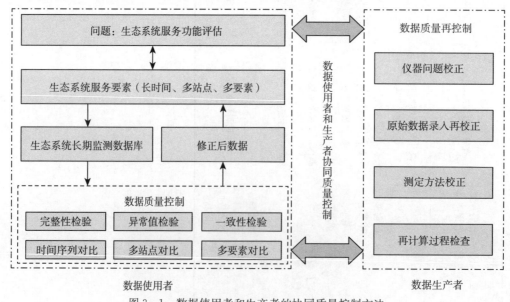

图 3 - 1　数据使用者和生产者的协同质量控制方法

3.2.1 森林生态系统关键要素质控与计算方法

3.2.1.1 气象要素

（1）气温、空气湿度、光合有效辐射

各站点气温（T）、光合有效辐射（PAR）以及空气湿度（RH）的日尺度数据均来自 CERN 自动气象站观测，其中 PAR 由 LI-COR LI-190SZ 量子传感器观测获取，T 和 RH 由 QMT110 传感器观测获取。应用统计学方法（3σ 准则）对逐日气象要素的异常值进行剔除。当出现连续缺失小于 3 个观测频率时，采用线性内插法进行插补；若缺失数据连续超过 3 个观测频率，则与国家气象局相邻站点的数据建立回归模型进行插补。对插补后的气温、空气湿度和光合有效辐射数据按年、月进行汇总，计算得到各个要素的逐年均值、月均值及多年平均值。

（2）降水量

对 CERN 人工观测的降水量数据按年及月求和或平均。

（3）极端气候事件

①气温暖日、冷夜阈值。使用 CERN 自动站观测逐日气温的日最高值与最低值数据计算。暖日阈值为该年每日最高气温从低到高排序的 90% 分位数。冷夜阈值为该年每日最高气温从低到高排序的 10% 分位数。

②连续干旱最大天数、有雨日降水强度。使用 CERN 人工站观测逐日降水数据计算。连续干旱最大天数为一年中连续日降水量为 0 的最长天数。有雨日降水强度（mm/d）为降水量（mm）与总降水天数（d）的比值。

3.2.1.2 水分要素

（1）土壤体积含水量

使用 2005—2015 年 CERN 森林台站综合观测场观测土壤体积含水量数据。各台站在研究时段内不同年份采用的测定仪器不同，为减少因仪器更换对数据一致性的影响，采用各台站综合观测场烘干法测定的土壤重量含水量数据对土壤体积含水量进行数据校正（常清青等，2021）。各台站土壤体积含水量测定仪器及仪器更换信息见表 3-4。

表 3-4　CERN 森林台站土壤含水量观测仪器信息

站点	年份											
	2016	2015	2014	2013	2012	2011	2010	2009	2008	2007	2006	2005
ALF	TDR		IMKO TRIME 系列（TDR）						CNC 系列中子仪			
BJF	Hydra Probe		CNC 系列中子仪									
BNF	IMKO TRIME 系列（TDR）							CNC 系列中子仪				
CBF	Hydra Probe		AV-EC5						CNC 系列中子仪			
DHF	CNC 系列中子仪											
GGF	AQUA-TEL		Delta-T HH2									
HSF	Soil Moisture Probe Type I. H.-III 中子仪											
HTF	DIVINER-2000 系列（FDR）							CNC 系列中子仪				
MXF	MD520 系列中子仪							CNC 系列中子仪				
SNF	IMKO TRIME 系列（TDR）											

将不同仪器测定时段 i 的各层土壤含水量数据 SWC_i（$i=A$，B，…，代表不同仪器时段）分别与同期的烘干法数据 HG_i（$i=A$，B，…）进行线性回归，则仪器 A 测定时段二者的关系表示为：

$$SWC_A = a_A \times HG_A + b_A \tag{1}$$

仪器 B 测定时段（被校正时段）二者的关系为：

$$SWC_B = a_B \times HG_B + b_B \qquad (2)$$

假设仪器 A、B 测定时段的烘干法土壤含水量连续且可比，将仪器 B 测定时段的各层次土壤含水量分别校正为：

$$SWC_B^{'} = \frac{a_A}{a_B} \times (SWC_B - b_B) + b_A \qquad (3)$$

其中 a_i、b_i（$i = A$，B，…）为线性回归参数，SWC_B 为仪器 B 测定时段经过校正的土壤含水量数据。最后将校正过后的土壤含水量与烘干法土壤含水量进行趋势验证，形成完整的土壤含水量时间序列。

（2）枯枝落叶含水量

枯枝落叶含水率使用烘干法测定，对测定数据在年及季节尺度求平均。

（3）地下水埋深

地下水埋深通过设置地下水位观测井，测量井中水面位置与地面之间的距离进行计算，对观测数据在年及季节尺度求平均获得。地下水埋深观测样地具体信息见表 3-5。

表 3-5　CERN 森林生态系统地下水观测样地具体信息

生态站名称	观测场名称	观测场代码	地面高程/m
亚热带中山湿性常绿阔叶林（ALF）	综合观测场地下水位观测井	ALFZH01CDX	2 488
暖温带落叶阔叶混交林（BJF）	辅助观测场地下水位观测井	BJFFZ12CDX	1 150
热带季节雨林（BNF）	综合观测场地下水位观测井	BNFZH01CDX	730
中温带落叶针阔混交林（CBF）	气象观测场地下水井观测井	CBFQX01CDX	740
亚热带季风常绿阔叶林（DHF）	辅助观测场地下水位观测井	DHFFZ13CDX	20
亚热带亚高山暗针叶林（GGF）	综合观测场地下水位观测井	GGFZH01CDX	3 100
亚热带人工常绿阔叶林（HSF）	辅助观测场地下水位观测井	HSFFZ10CDX	20
亚热带常绿阔叶林（HTF）	辅助观测场地下水位观测井	HTFFZ12CDX	488
亚热带亚高山针阔混交林（MXF）	辅助观测场地下水位观测井	MXFFZ11CDX	1 816
亚热带常绿落叶阔叶混交林（SNF）	综合观测场地下水位观测井	SNFZH01CDX	1 290

3.2.1.3　土壤要素

（1）土壤有机质含量

土壤有机质通过重铬酸钾氧化滴定法测定。在各站的破坏性样地分 5 层（0～10 cm、10～20 cm、20～40 cm、40～60 cm、60～100 cm、60～80 cm）进行土壤采样，每次采样有 3 个重复。根据各采样点的测定深度对各层次进行加权平均计算，其中 BJF 测定土层深度为 0～60 cm，HTF 和 DHF 测定土层深度为 0～80 cm，其余站点均为 0～100 cm。

（2）土壤机械组成

采用土壤机械组成观测数据中各层次土壤中砂粒、粉粒、黏粒含量均值，土壤机械组成数据观测年份与剖面信息见表 3-6，其中热带季节雨林和亚热带常绿阔叶林的土壤机械组成取 2005 年和 2015 年平均值。

表 3-6　土壤机械组成数据观测年份与剖面信息

生态站名称	观测年份	采样深度/cm
亚热带中山湿性常绿阔叶林（ALF）	2005	0～10，10～20，20～40，40～60，60～100
暖温带落叶阔叶混交林（BJF）	2005	0～10，20～30，30～40，40～50，50～60，60～70，70～80，90～100

（续）

生态站名称	观测年份	采样深度/cm
热带季节雨林（BNF）	2005、2015	0～10, 10～20, 20～40, 40～60, 60～100
中温带落叶针阔混交林（CBF）	2005	0～10, 10～20, 20～40, 40～60, 60～100
亚热带季风常绿阔叶林（DHF）	2005	0～10, 10～20, 20～40, 40～60, 60～80
亚热带亚高山暗针叶林（GGF）	2005	0～10, 10～20, 20～40, 40～60, 60～100
亚热带人工常绿阔叶林（HSF）	2005	0～10, 10～20, 20～40, 40～60, 60～80, 80～100
亚热带常绿阔叶林（HTF）	2005、2015	0～10, 10～20, 20～40, 40～60, 60～80
亚热带亚高山针阔混交林（MXF）	2005	0～10, 10～20, 20～40, 40～60, 60～100
亚热带常绿落叶阔叶混交林（SNF）	2015	0～10, 10～20, 20～40, 40～60, 60～100

3.2.1.4　生物要素

（1）凋落物现存量

凋落物及现存量数据每月月底将收集器内的凋落物收集起来，带回室内，区分枝、叶、花果、树皮、苔藓和杂物 6 部分，将各组分的凋落物放在 70 ℃恒温烘箱中烘干 24 h 至恒重后称重，最后计算出各类凋落物量。凋落物及现存量测定频率信息详见表 3-7。

表 3-7　凋落物及现存量测定频率

生态站名称	观测频率
亚热带中山湿性常绿阔叶林（ALF）	每年 4 月或 11 月测定 1 次
暖温带落叶阔叶混交林（BJF）	每年 7—8 月测定 1 次
热带季节雨林（BNF）	每年 3 月、6 月、9 月、12 月各测定 1 次
中温带落叶针阔混交林（CBF）	每年 8—9 月测定 1 次
亚热带季风常绿阔叶林（DHF）	每年 10 月或 12 月测定 1 次
亚热带亚高山暗针叶林（GGF）	每年 7—9 月测定 1 次
亚热带人工常绿阔叶林（HSF）	每年 5—10 月测定 1 次
亚热带常绿阔叶林（HTF）	每月测定 1 次
亚热带亚高山针阔混交林（MXF）	每年 7—10 月测定 1 次
亚热带人工常绿针叶混交林（QYA）	每年 8 月测定 1 次
亚热带常绿落叶阔叶混交林（SNF）	每年 7 月测定 1 次

（2）回收量

各站凋落物数据在生长季期间每月观测 1 次，非生长季期间共观测 1 次。每次观测分别有 10 个收集框，取 10 个样本的平均。针对凋落物现存量，本书对 10 个站点 2001—2015 年的凋落物现存量数据按年份求平均，反映其凋落物的年际动态变化。

为减小风力对凋落量测量的影响，本书首先计算各站点凋落物回收量每年每个月的均值，然后取每个月的多年均值及标准差，得到凋落物的季节动态变化，反映不同站点凋落量季节动态的不同模式。

（3）叶面积指数

由于各站点观测的年份和月份不统一，为了保证站点间可比，仅选用观测较完整的 2005 年、2010 年、2015 年的监测数据，计算这 3 年 LAI 的逐月均值，反映不同站点的 LAI 动态变化。

各站点 LAI 数据采用冠层分析仪法对乔木层进行测定，至少于每年不同季节测定 4 次。所用仪器见表 3-8。

表 3-8　CERN 森林台站 LAI 观测仪器信息

站点	年份										
	2015	2014	2013	2012	2011	2010	2009	2008	2007	2006	2005
ALF	LI-COR LAI-2000										
BJF	LI-COR LAI-2200C、LI-3000C							CI-1100			
BNF	LI-COR LAI-3000C							LI-COR LAI-2000			
CBF	LI-COR LAI-2200C										
DHF	LI-COR LAI-2200C	LI-COR LAI-2000									
GGF	LI-COR LAI-2200C、LI-3000C		C1-3019S								
HSF	LI-COR LAI-2200C	LI-COR LAI-3000C				C1-3019S					
HTF	LI-COR LAI-2200C、LI-3000C		LI-COR LAI-2000								
MXF	AM300、Hemiview 2.1						Hemiview 2.1		LI-COR LAI-2000		
SNF	LI-COR LAI-2200C、LI-3000C		LI-COR LAI-2200C、CI-203						LI-COR LAI-2000		

（4）落叶树种展叶期、落叶期

展叶期与落叶期数据为 2003—2015 年主要乔木层优势种展叶、落叶始期观测值。观测树种包括：长白山温带落叶针阔混交林的水曲柳、蒙古栎、五角枫；北京暖温带落叶阔叶混交林的辽东栎、黑桦、五角枫；茂县暖温带落叶针叶混交林的川榛、锐齿槲栎；神农架常绿落叶阔叶混交林的短柄枹栎、四照花、卷毛楝木；贡嘎山峨眉冷杉成熟林的冬瓜杨、糙皮桦、花楸；哀牢山亚热带常绿阔叶林的吴茱萸叶五加、毛齿藏南枫、瓦山安息香。

（5）乔木层生物量

森林群落生物量至少每 5 年调查 1 次。对乔木层开展每木调查，主要包括树号、种名、胸径、高度、生活型。乔木个体采样是在样地外选取相同的种类进行，按收获法进行生物量测定，采用回归方法建立乔木层各物种的生物量估算模型。根据各台站建立的生物量模型计算森林乔木层各器官（叶、枝、干、根等）生物量，并汇总得到乔木层总生物量。

（6）乔木层物种组成

对乔木层物种组成数据进行了质量控制。根据"Flora of China"对种名进行了检查和校正。具体包括：

①同科同属、别名相同、拉丁名后缀中只有命名人不同的，列为一个物种，如波叶红果树与红果树波叶变种。

②同科同属、别名相同、拉丁名种命名不同，算为不同物种，如香叶子和香叶树。

③中文名以及拉丁名同时在《中国植物志》以及地方植物志上搜索不到的，用树号比对后进行物种统计。

④同科同属、别名相同、拉丁名种命名不同，但树号相同，这种情况属于实测时的误判，视为相同物种。

⑤树号相同的物种，其拉丁名不同，中文名不相似的，只进行相同树号部分修改。

对质量控制后的乔木层物种组成数据进行统计，得到各台站森林乔木层的物种数、多度等数据。

3.2.2　森林生态系统关键功能及相关参数计算方法

基于以上关键要素对 CERN 典型森林生态系统的固碳与生产力功能、水源涵养功能、生物多样性功能、土壤保持功能进行了估算。其中，森林生态系统生产力和固碳功能采用净初级生产力（NPP）、净生态系统生产力（NEP）、生态系统碳密度表征，基于数据同化和过程模型相结合的方法，通过地面观测、遥感、文献数据和模型的融合，实现不连续观测数据到长时间序列观测数据的重构。水源涵养功能采用综合蓄水量表征，本书将其定义为枯枝落叶蓄水量与土壤蓄水量的总和。生物多样性功能主要采用物种丰富度（S）、Shannon-Wiener 指数（H'）、Simpson 指数（D）和 Pielou 指数（E）表征乔木层群落的物种多样性。土壤保持功能采用通用土壤流失方程进行计算。

各功能与相关参数的具体计算方法如下。

3.2.2.1 生产力和固碳功能

基于集成了数据同化功能的生态系统过程模型（Data Assimilation Linked Ecosystem Carbon，DALEC），以各森林站点长期监测的时间连续的气温、光合有效辐射、空气湿度等气象数据作为驱动数据，以多期生物量、凋落物、叶面积指数和土壤清查等生物计量数据作为约束数据，并辅助以通量数据、文献收集经验知识，采用 MCMC（Markov Chain Monte Carlo）模型数据融合算法，反演生态系统碳循环的关键参数（即碳分配系数和碳周转时间）；然后通过模型正演模拟获取各站点时序完整的总初级生产力（GPP）、净初级生产力（NPP）、净生态系统生产力（NEP）及植被、土壤和生态系统碳密度等数据（Ge et al.，2019；He et al.，2021）。CERN 多期动态的碳循环观测数据为非平衡状态下估算碳循环关键参数和碳库状态的动态变化，显著降低模拟结果的不确定性，提升生产力和固碳功能的评估能力提供了有力的数据支撑。基于数据同化和模型的生态系统生产力和固碳功能估算流程见图 3-2。

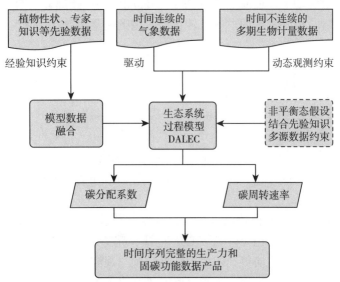

图 3-2 基于数据同化和模型的生态系统生产力和固碳功能估算流程

DALEC 模型（图 3-3）中各个碳库的动态变化可以表示为：

$$\begin{cases} \dfrac{\mathrm{d}C}{\mathrm{d}t} \neq 0 \\ C_i(t+1) = C_i(t) + I_i(t) - k_i C_i(t), i = 1,2,\cdots,n \\ C_i(t=0) = C_i 0 \end{cases} \tag{4}$$

式中，C_i、I_i、k_i 分别代表第 i 个碳库的大小、输入和周转率；$C_i 0$ 表示第 i 个碳库的初始状态；t 代表日步长。

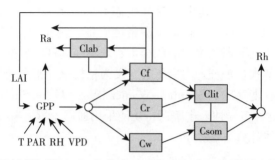

图 3-3　DALEC (Data Assimilation Linked Ecosystem Carbon) 模型结构

选用 Ji（1995）的冠层光合模型估算总初级生产力（GPP），以 LAI、光合有效辐射、气温和饱和水汽压差为气象驱动。净初级生产力（NPP）表示为生态系统的碳输入通量与自养呼吸（R_a）的差值。

$$净初级生产力 = 总初级生产力 - 自养呼吸 \tag{5}$$

净生态系统生产力（NEP）表示为生态系统的碳输入通量与自养呼吸、异养呼吸（R_h）的差值。

$$净生态系统生产力 = 总初级生产力 - 自养呼吸 - 异养呼吸 \tag{6}$$

为了避免平衡态假设带来的误差，采用 8 组碳储量、碳通量的长期动态观测数据约束 DALEC 模型。各植被和土壤碳库初始值以第一期碳密度观测数据来确定，从而减少 spin-up 过程产生的不确定性；然后在动态环境变量驱动下，反演非平衡态下（$dC/dt \neq 0$）碳周转、分配等碳循环参数。根据贝叶斯理论，参数集的后验概率密度的求解可转化为 8 组碳储量通量动态观测构成的似然函数最大化的求解。

$$L = \prod_{j=1}^{m} \prod_{i=1}^{n_j} \frac{1}{\sqrt{2\pi}\,\sigma_j} e^{-(x_{j,i}-\mu_{j,i}(P))^2/2\sigma_j^2}, m = 1,2,\cdots,8 \tag{7}$$

式中，L 是现实非平衡态下的联合似然函数；m 是多源观测数据集的个数；n 是每个观测数据集的有效数据个数；$x_{j,i}$ 是第 j 个数据集中第 i 个有效观测数据；$\mu_{j,i}(p)$ 是 $x_{j,i}$ 对应的基于现实非平衡态参数（P）和模型获取的通量和储量模拟值；σ_j 是第 j 个数据集中每个数据点的标准差。采用非平衡态下反演获得的参数优化值以及相应的碳库大小，进行动态环境变量驱动的正演模拟，得到生态系统生产力和固碳功能数据产品。

参数优化方法采用 Metropolis 模拟退火算法。这是一种基于蒙特卡罗迭代求解的启发式全局搜索算法；其"模拟退火"思想体现在允许参数变化范围不断改变，直到收敛于指定的参数接受概率为止。对建议参数集和当前参数集正演得到的模拟结果分别与观测值进行比较。如果建议参数集的模拟结果更接近观测值，则接受建议参数集，否则以概率接受建议参数集，迭代结束时即可获得与观测数据最为接近的最优参数集。关于该算法的具体介绍参见 Zobitz 等（2011）和 Ren 等（2013b）的文章。

DALEC 模型中，碳分配系数为生态系统碳输入（即净初级生产力）在不同植物器官（即叶、茎、根）中的分配比例。研究时段内 CERN 各森林站点样地保护完好，未受砍伐、土地利用变化等人类活动以及火灾、虫害等自然事件干扰，可认为植被层、土壤层和生态系统的碳输出通量分别近似等同于植物自养呼吸和凋落量、异养呼吸以及生态系统呼吸。根据库与通量的模拟结果的比值，分别计算了植被层、土壤层和整个生态系统的碳周转时间：

$$\tau_{veg} = \frac{C_{live}}{I_{live} - \Delta C_{live}} = \frac{C_{live}}{litterfall + R_a} \tag{8}$$

$$\tau_{soil} = \frac{C_{dead}}{I_{dead} - \Delta C_{dead}} = \frac{C_{dead}}{R_h} \tag{9}$$

$$\tau_{eco} = \frac{C_{eco}}{I_{eco} - \Delta C_{eco}} = \frac{C_{live} + C_{dead}}{R_a + R_h} \tag{10}$$

式中，τ_{veg}、τ_{soil} 和 τ_{eco} 分别是植被、土壤和生态系统的碳周转时间；C_{live}、C_{dead} 和 C_{eco} 分别是植被、土壤和生态系统碳库大小；I_{live}、I_{dead}、和 I_{eco} 分别是植被、土壤和生态系统的碳输入；Δ_{live}、ΔC_{dead} 和 Δ_{eco} 分别是植被、土壤和生态系统碳库的变化量，两者之差为生态系统碳输出；R_a 为生态系统自养呼吸，litterfall 为植被层的凋落量，R_h 为生态系统异养呼吸。各碳库储量和通量均来自非平衡态下参数优化后的 DALEC 2001—2015 年模拟结果。

3.2.2.2　水源涵养功能

（1）冠层降水再分配

对降水量、穿透雨量及树干径流量观测数据按月进行汇总，并计算得到穿透率、树干径流率和冠层截留率。对当月穿透率与树干径流之和大于当月降水量的月份数据进行了剔除。

$$穿透率 = 月穿透雨量 / 月降水量 \times 100\% \tag{11}$$
$$树干径流率 = 月树干径流量 / 月降水量 \times 100\% \tag{12}$$
$$截留率 = （月降水量 - 月穿透雨量 - 月树干径流量）/ 月降水量 \times 100\%$$

其中，树干径流量计算方法为：

$$C = \frac{1}{M} \sum_{i=1}^{n} \frac{C_i}{K_i} \times M_i \tag{13}$$

式中，C 为观测样地树干径流量（mm）；M 为样地单位面积上的株数（个/m²）；C_i 为某一径级的树干径流量（mm）；K_i 为某一径级树冠平均投影面积（m²）；n 为划分的径级数；M_i 为某一径级的株数（个）；其中冠幅、胸径均为观测数据。

（2）枯枝落叶蓄水量

枯枝落叶蓄水量为凋落物现存量与枯枝落叶含水率的乘积：

$$L = Ls \times \beta / 10\,000 \tag{14}$$

式中，Ls 表示枯落物现存量（g/m²），为总干重除去杂物部分的干重；β 表示枯枝落叶含水率（%），10 000 为单位换算比例。

（3）土壤蓄水量

土壤蓄水量（Soil water storage，S）通过土壤体积含水量与土壤厚度计算：

$$S = \sum_{i=1}^{n} D_i \cdot \gamma_i \tag{15}$$

式中，D 表示土层厚度（mm）；γ 表示该土层的土壤体积含水量（%）；i 表示不同深度土层分层。本书计算了 0～90 cm 的土壤蓄水量以及 0～20 cm 的表层土壤蓄水量。

（4）水源涵养量

森林生态系统的水源涵养量（WC）表示为枯枝落叶蓄水量（mm）和土壤蓄水量（mm）之和。

3.2.2.3　土壤保持功能

采用目前较为成熟且应用广泛的修正通用土壤流失方程（Revised Universal Soil Loss Esquation，RUSLE）评估典型森林生态系统的土壤保持功能（Wischmeier et al.，1965），其计算公式为：

$$A_c = A_p - A_r \tag{16}$$
$$\hat{A} = A / A_p \times 100\% \tag{17}$$
$$A_p = R \cdot K \cdot LS \tag{18}$$

$$A_r = R \cdot K \cdot LS \cdot C \cdot P \tag{19}$$

式中，A_c 为单位面积土壤保持量 [t/（hm^2·年）]；$\hat{A}$ 为土壤保持率；A_p 为单位面积潜在土壤侵蚀量 [t/（hm^2·年）]；A_r 为单位面积现实土壤侵蚀量 [t/（hm^2·年）]。R 为降雨侵蚀力因子；K 为土壤可蚀性因子；LS 为坡长坡度因子；C 为地表覆盖因子；P 为土壤保持措施因子。

（1）降雨侵蚀力因子（R）

降雨侵蚀力因子是降雨引发土壤侵蚀的潜在能力。采用日雨量侵蚀力模型计算降雨侵蚀力（章文波等，2003；Nearing et al.，2015；章文波等，2002）：

$$R = \alpha \sum_{j=1}^{k} (D_i)^\beta \tag{20}$$

式中，R 为月降雨侵蚀力 [MJ·mm/（hm^2·h）]；D_i 为第 i 天的侵蚀性日雨量（mm）（要求日雨量≥12 mm，否则以 0 计算）；k 表示天数；α、β 是模型待定参数。

（2）土壤可蚀性因子（K）

土壤可蚀性因子是评价土壤遭受降水侵蚀难易程度的重要指标，与土壤机械组成和土壤有机碳含量密切相关。K 值采用的计算公式（Wischmeier et al.，1978）为：

$$K = 0.131\,7\left\{0.2 + 0.3\exp\left[-0.025\,6SAN\left(1 - \frac{SIL}{100}\right)\right]\right\} \cdot \left(\frac{SIL}{CLA - SIL}\right)^{0.3} \cdot$$
$$\left(1 - \frac{0.25C}{C + EXP(3.72 - 2.95C)}\right) \cdot \left(1 - \frac{0.7SN1}{SN1 + exp(-5.51 + 22.9SN1)}\right) \tag{21}$$

式中，K 为土壤可蚀性因子 [t/（km^2·h）/（km^2·MJ·mm）]；SAN、SIL、CLA 和 C 分别为砂粒（0.050~2.000 mm）、粉粒（0.002~0.050 mm）、黏粒（<0.002 mm）和有机碳含量（%）；$SN1 = 1 - SAN/100$。

（3）坡长坡度因子（LS）

坡长坡度因子反映坡长和坡度对坡面土壤侵蚀的影响。LS 值计算公式（Wischmeier et al.，1978）为：

$$LS = \left(\frac{\lambda}{20}\right)^m \left(\frac{\theta}{10}\right)^n \tag{22}$$

式中，λ 为坡长（m）；θ 为坡度；m 是坡长指数，n 为坡度指数。

根据江忠善等（2005），将坡长指数 m 随坡度变化的取值范围设为：

$$m = \begin{cases} 0.15 & \theta < 5° \\ 0.2 & 5° < \theta < 12° \\ 0.35 & 12° < \theta < 22° \\ 0.45 & 22° < \theta \leqslant 35° \end{cases} \tag{20}$$

坡度指数 n 值主要集中于 1.3~1.4，本研究取 1.35（江忠善等，2005）。

（4）植被覆盖因子（C）

植被覆盖因子反映了不同地面植被覆盖状况对土壤侵蚀的影响。本研究根据 NDVI 与植被盖度的经验关系计算月植被覆盖度 F_c（马超飞等，2001），利用蔡崇法等（2000）和江忠善等（2005）的方法计算植被覆盖度因子 C，公式为：

$$F_c = 108.49NDVI + 0.717 \tag{24}$$

$$C = \begin{cases} 0.650\,8 - 0.343\,6\lg F_c, 0 < F_c < 78.3\% \\ e^{-0.008\,5(F_c-5)1.5}, F_c \geqslant 78.3\% \end{cases} \tag{25}$$

（5）水土保持因子（P）

水土保持因子是指在由一定水土保持措施的作用下，水土流失面积与标准状况下土壤流失面积之比（Wischmeier et al.，1978），其值介于 0～1。本研究所选的典型森林生态系统较少受到人为干扰，因此本研究中所有站点 P 因子均设置为 1（李士美等，2010）。

3.2.2.4　乔木生物多样性

利用物种丰富度（S）、Simpson 指数（D）、Shannon-Wiener 指数（H'）和 Pielou 指数（E）4 个常用 Alpha 指数测度群落乔木层的物种多样性（方精云，2004）。其中，物种丰富度（S）表示群落中物种数目，其值越大表明群落中物种种类越丰富。Simpson 指数（D）假设在对无限个群落随机取样，样本中两个不同种的个体相遇的概率，其值越高，表示群落多样性越高。Shannon-Wiener 指数（H'）用来估算群落多样性的高低，其综合考虑了群落的丰富度和均匀度，值越高，表明群落的多样性越高。Pielou 指数（E）是描述物种中的个体的相对丰富度或所占的比例。具体计算公式如下：

$$S = 出现在样地内的物种数 \tag{26}$$

$$D = 1 - \sum P_i^2 \tag{27}$$

$$H' = -\sum P_i \ln P_i \tag{28}$$

$$E = H'/\ln S \tag{29}$$

式中，P_i 为群落中第 i 个物种的重要值。物种重要值（Important Value，IV）用来反映物种在群落中的相对重要性，计算公式为：

$$IV = (相对多度 + 相对优势度 + 相对高度)/3 \tag{30}$$

森林生态系统关键要素动态变化图

4.1 气候要素

11 个典型森林生态系统分别属于温带、亚热带和热带不同地区，气候特征具有明显差异。亚高山暗针叶林（GGF）、中温带（CBF）和暖温带森林（BJF、MXF）年平均气温较低（3.62～9.47 ℃），显著低于亚热带和热带地区森林（10.32～22.58 ℃）。同时，中温带和暖温带森林的降水量和空气湿度也显著低于亚热带和热带地区森林，3 个站多年平均降水量仅为 428～717 mm，年均空气湿度为 64%～77%，与亚热带和热带地区 8 个森林平均年降水量（1 392 mm）和空气湿度（81%）相比，平均偏低 773 mm 和 11%。

2001—2015 年，除了西双版纳热带季节雨林年均温呈现显著上升趋势（0.044 ℃/年，$P<0.05$），会同森林年降水量显著上升（51.32 mm/年，$P<0.05$）之外，其他森林的气温、降水量和相对辐射要素均无显著变化（图 4-1 至图 4-4）。然而，大部分森林站点的光合有效辐射呈显著下降趋势，其中贡嘎山亚热带亚高山暗针叶林（GGF）、长白山中温带落叶针阔混交林（CBF）、北京暖温带落叶阔叶混交林（BJF）、会同亚热带常绿阔叶林（HTF）和西双版纳热带季节雨林（BNF）的下降趋势达到极显著水平（$P<0.01$），年下降速率在 -0.536～-0.415 mol/m²。

各森林站气温、降水量、空气湿度、光合有效辐射等气象要素均表现出明显的季节变化（图 4-5 至图 4-8）。与亚热带和热带森林相比，长白山中温带落叶针阔混交林（CBF）和北京暖温带落叶阔叶混交林（BJF）具有较大的气温、空气湿度和光合有效辐射年较差，而降水量年较差却相对偏小。例如，长白山森林的气温、空气湿度和光合有效辐射年较差高达 35.02 ℃、29.10% 和 26.00 mol/m²，分别是西双版纳森林的 3.75 倍、2.58 倍和 1.76 倍，而前者降水量年较差却较后者偏低 169.66 mm。

各森林站的冷夜阈值与暖日阈值与平均气温的空间分布格局基本一致，整体呈现由南向北递减的特征，其中中温带（CBF）和暖温带森林（BJF）以及亚高山暗针叶林（GGF）的平均冷夜阈值较低（-23.83～-7.43 ℃），亚高山暗针叶林（GGF）与中山湿性常绿阔叶林（ALF）的平均暖日阈值较低（20.79～21.88 ℃），亚热带季风常绿阔叶林（DHF）与热带季节雨林（BNF）的冷夜、暖日阈值则均较高；最大干旱时长与有雨日强度整体均呈现出南高北低的空间分布，其中热带（BNF）与亚热带森林（HSF、DHF、ALF）的最大干旱时长（32.45～40.73d）与有雨日强度（10.20～13.58 mm/d）较高，但其中暖温带森林（BJF）的平均最长干旱天数（36.27d）也相对较高。除了哀牢山森林暖日阈值显著上升（0.095 ℃/年，$P<0.05$），贡嘎山森林暖日阈值显著下降（-0.264 ℃/年，$P<0.05$），北京森林有雨日降水强度呈现显著的上升趋势（0.363 mm/d，$P<0.01$）外，各森林站气温暖日和冷夜阈值、连续干旱最大天数和有雨日降水强度总体上在 2005—2015 年保持相对稳定（图 4-9 至图 4-12）。

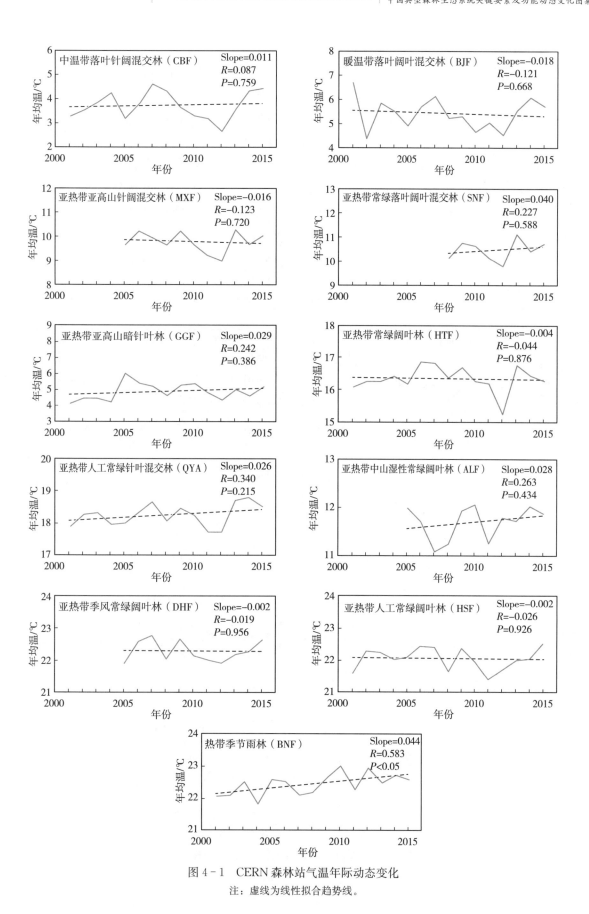

图 4-1　CERN 森林站气温年际动态变化

注：虚线为线性拟合趋势线。

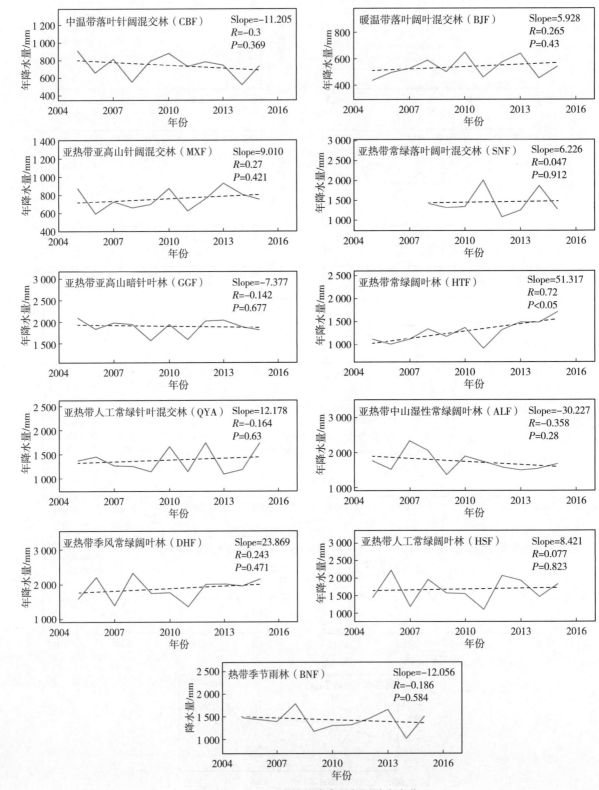

图4-2　CERN森林站降水量年际动态变化

注：虚线为线性拟合趋势线。

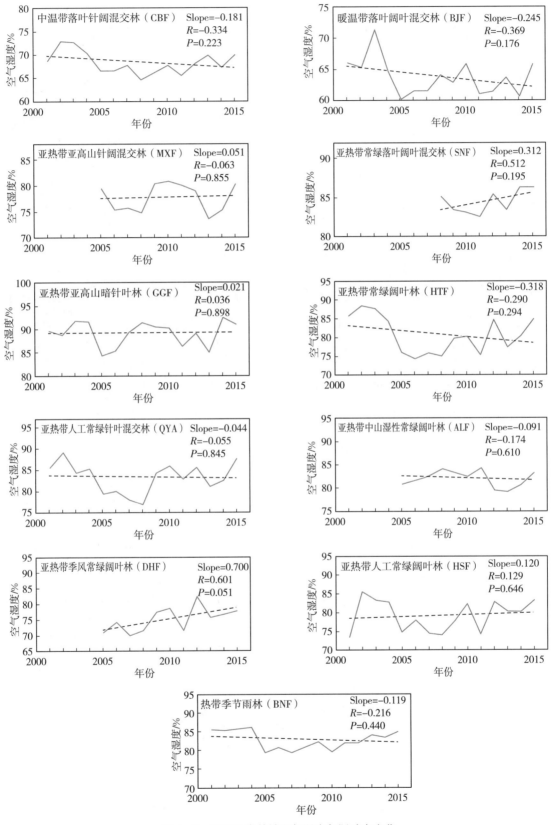

图 4-3　CERN 森林站空气湿度年际动态变化

注：虚线为线性拟合趋势线。

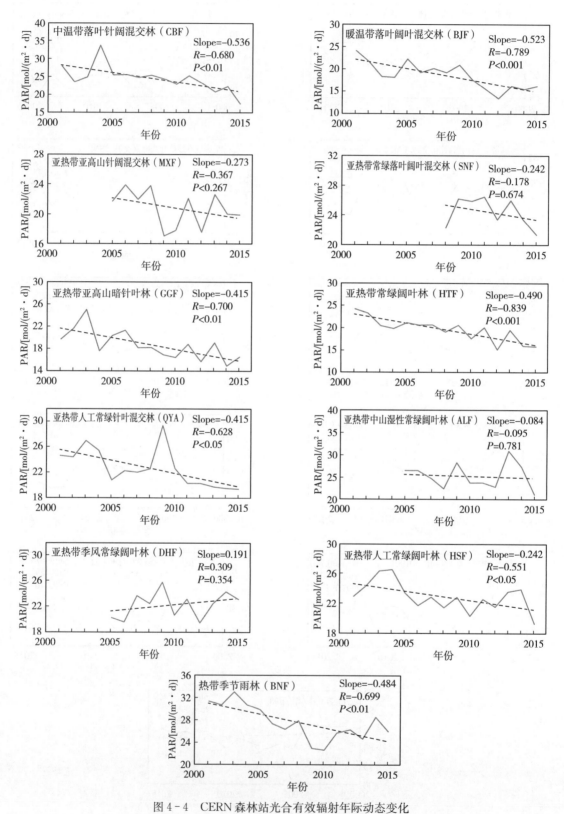

图 4-4　CERN 森林站光合有效辐射年际动态变化

注：PAR 全称 Photosynthetically Active Radiation，光合有效辐射。虚线为线性拟合趋势线。

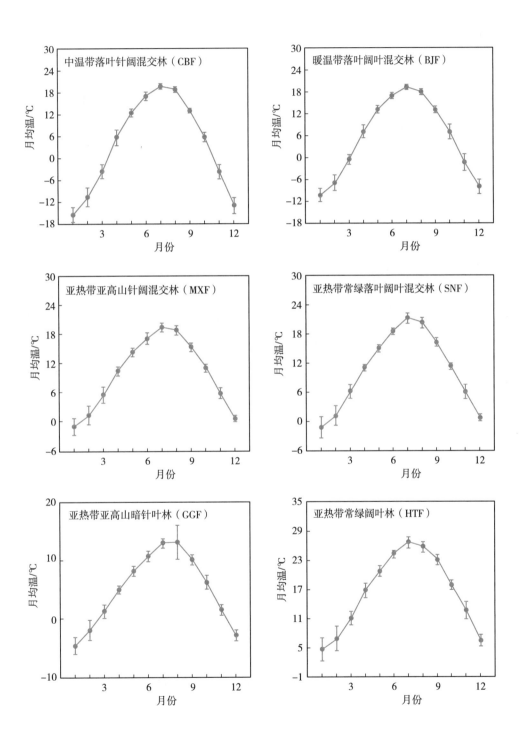

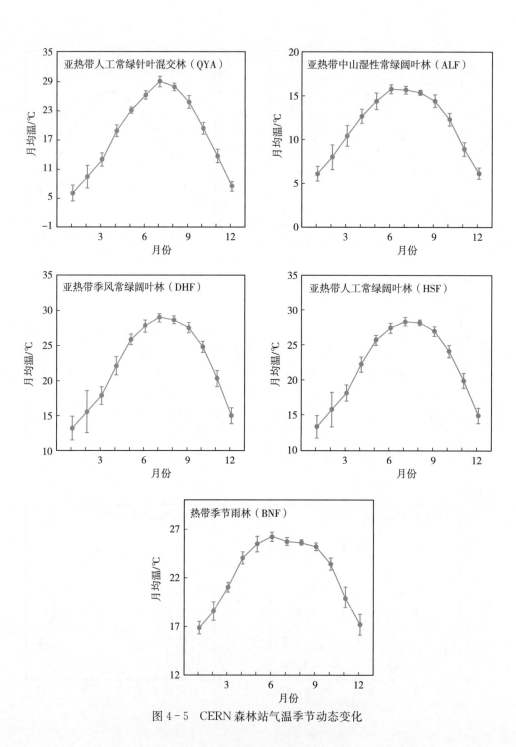

图 4-5　CERN 森林站气温季节动态变化

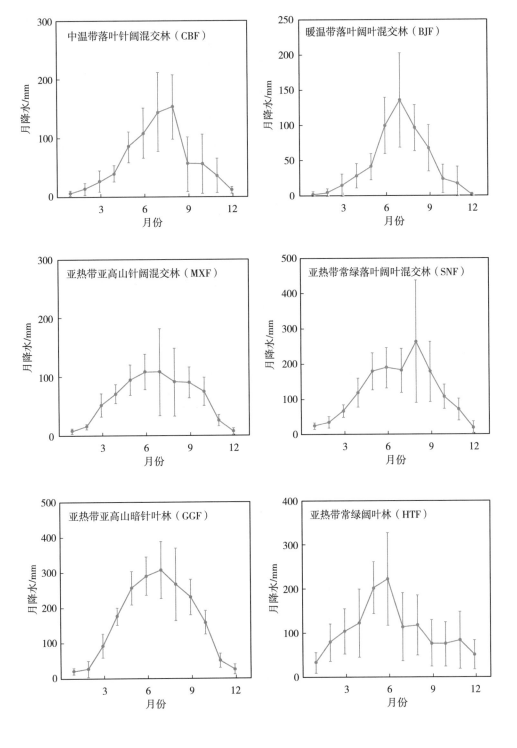

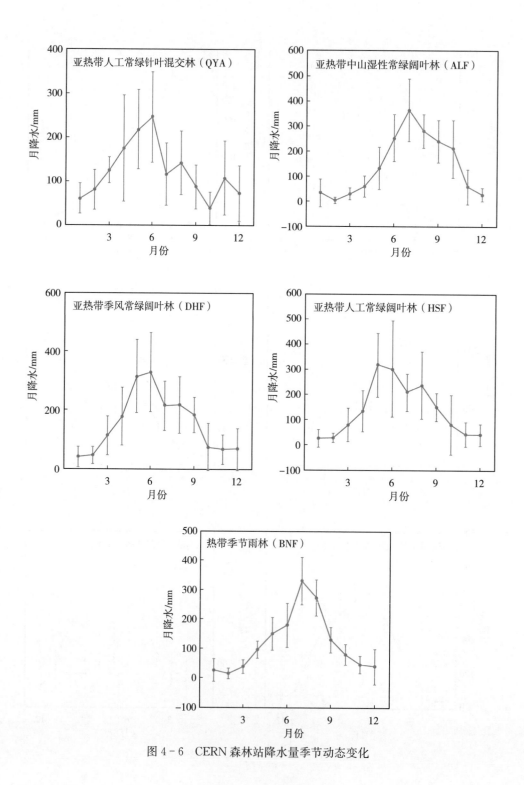

图 4-6 CERN 森林站降水量季节动态变化

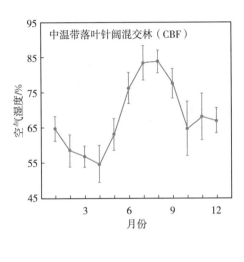

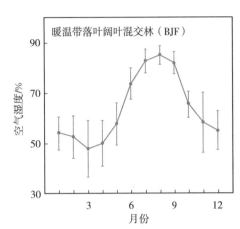

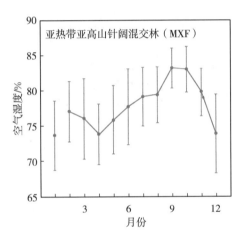

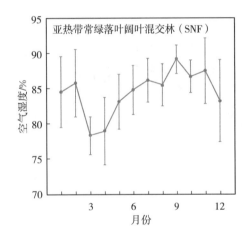

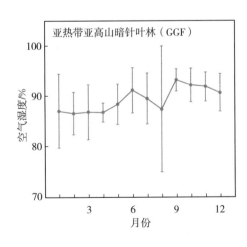

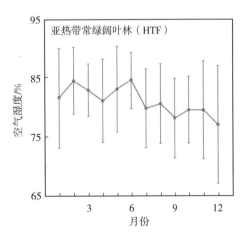

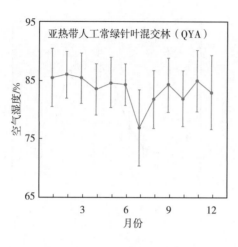

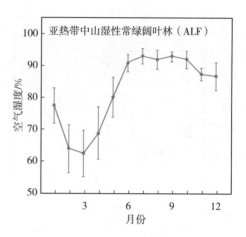

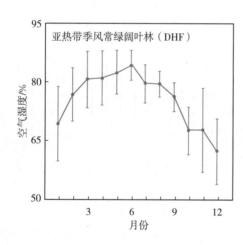

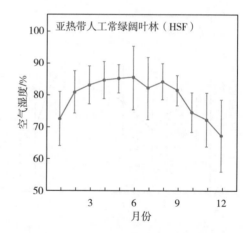

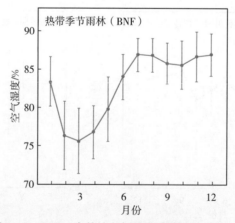

图 4 - 7　CERN 森林站空气湿度季节动态变化

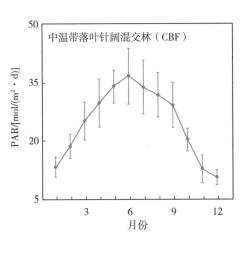

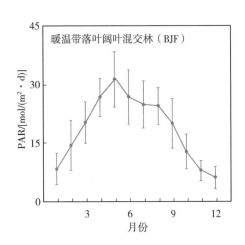

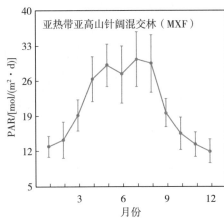

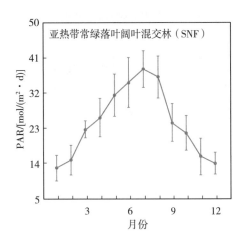

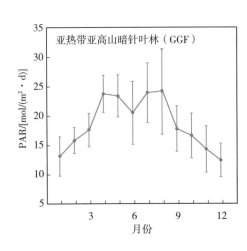

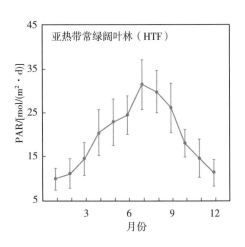

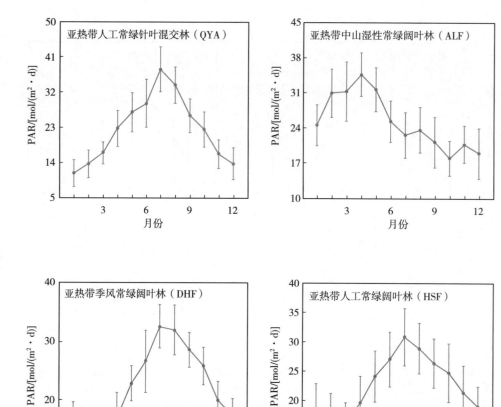

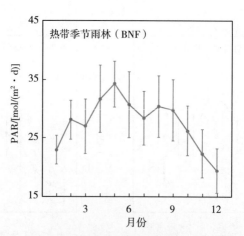

图 4-8　CERN 森林站光合有效辐射季节动态变化

注：PAR 全称 Photosynthetically Active Radiation，光合有效辐射。

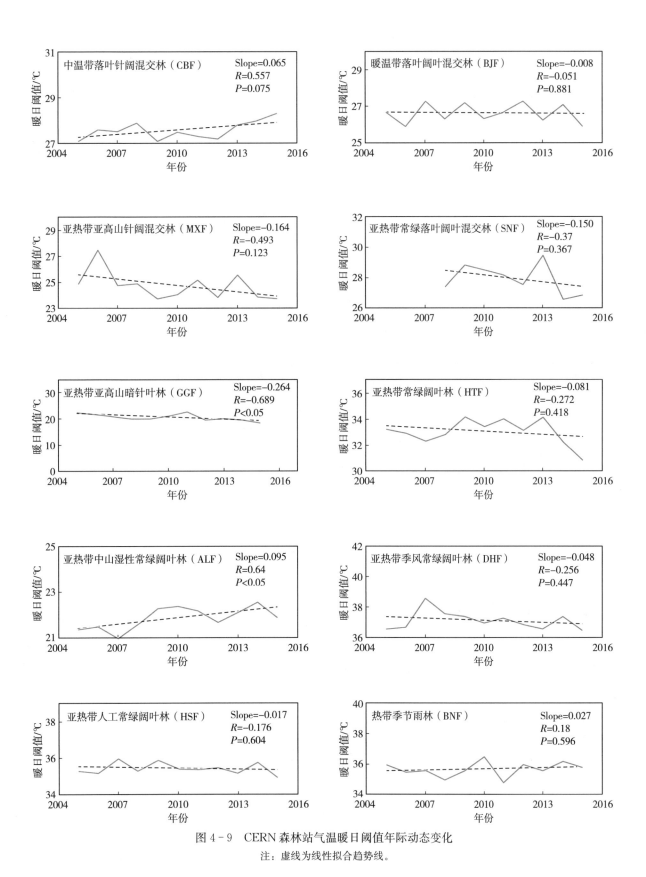

图 4-9　CERN 森林站气温暖日阈值年际动态变化

注：虚线为线性拟合趋势线。

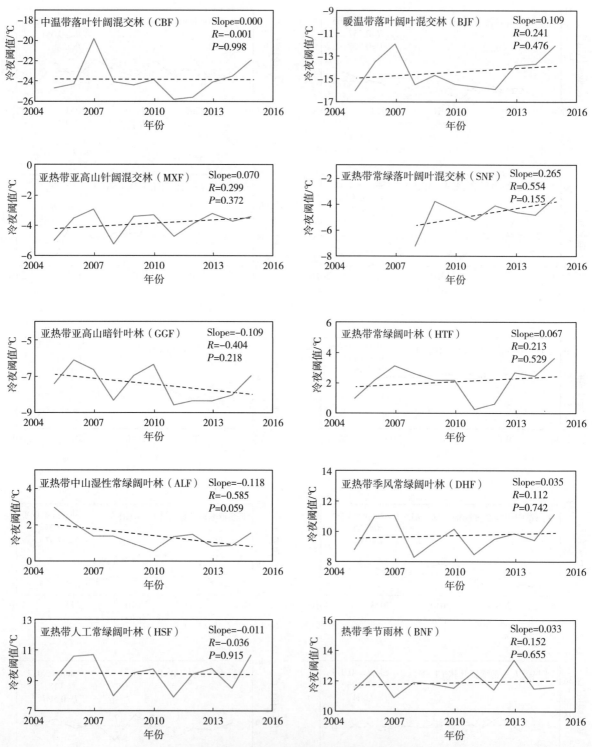

图 4-10　CERN 森林站气温冷夜阈值年际动态变化

注：虚线为线性拟合趋势线。

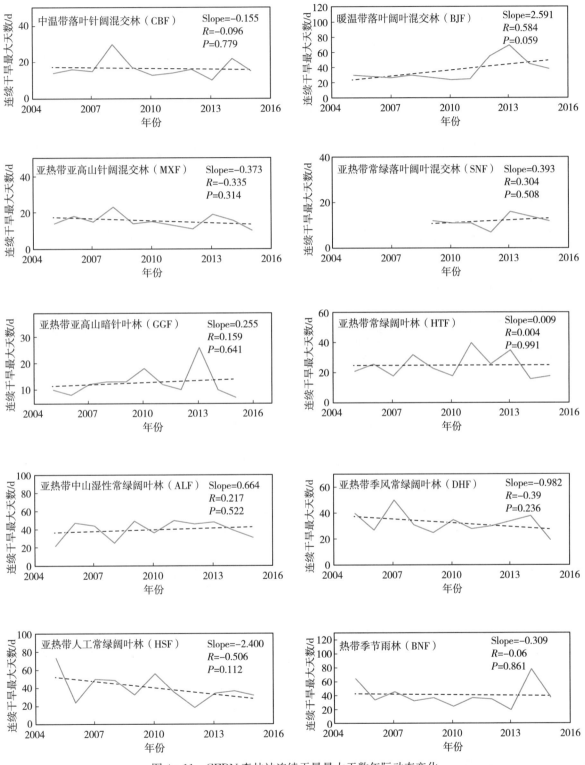

图 4-11　CERN 森林站连续干旱最大天数年际动态变化

注：虚线为线性拟合趋势线。

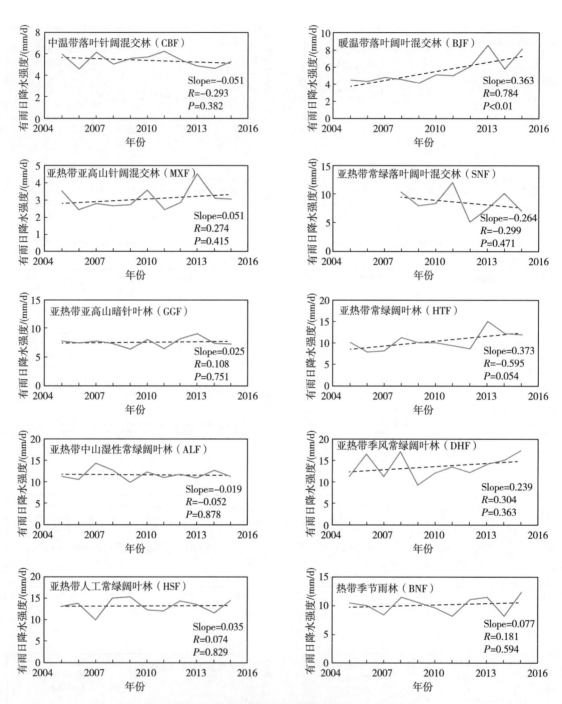

图 4-12　CERN 森林站有雨日降水强度年际动态变化

注：虚线为线性拟合趋势线。

4.2　水分要素

2005—2015 年，CERN 各森林生态系统平均土壤含水量介于 11.99%～36.79%，整体上随年降水量的增多而增加，其中贡嘎山森林台站的土壤含水量最高，暖温带森林（BJF、MXF）最低。土壤水分季节波动呈现一定的干湿季特征，总体来说，雨季土壤含水量较高，旱季较低。其中西双版纳、哀牢山、贡嘎山、北京、长白山森林台站的土壤水分月最高值出现在7—9月，鹤山、鼎湖山、会同、茂县森林等台站的最高月土壤含水量出现在5—6月（图4-13）。11年间，6个CERN森林台站的土壤含水量发生了显著变化。其中，鼎湖山站、鹤山站、北京站土壤含水量上升趋势显著，年增幅分别

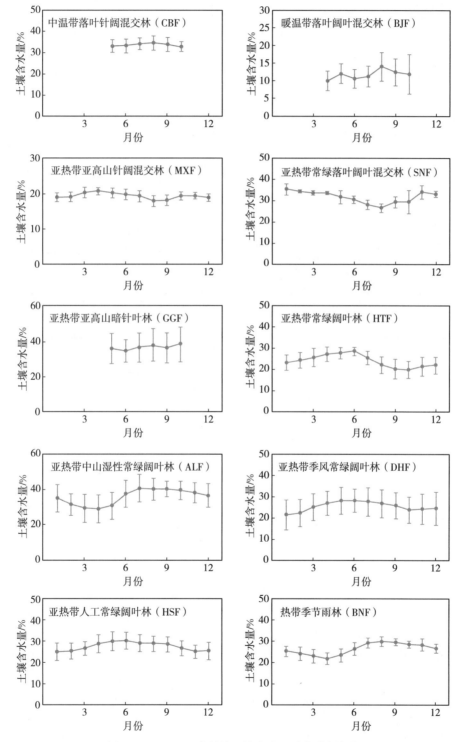

图4-13　CERN森林站土壤含水量季节动态变化

注：SNF土壤含水量探测深度为0～50 cm，其余生态站均为0～90 cm土壤水量。

为 1.741％、0.685％和 0.585％，贡嘎山站、哀牢山站与西双版纳站土壤含水量显著下降，年降幅分别为 2.028％、1.043％和 0.295％（图 4-14）。降水与蒸散的差值可以较好地解释这些森林土壤含水量的变化趋势（常清青等，2021）。

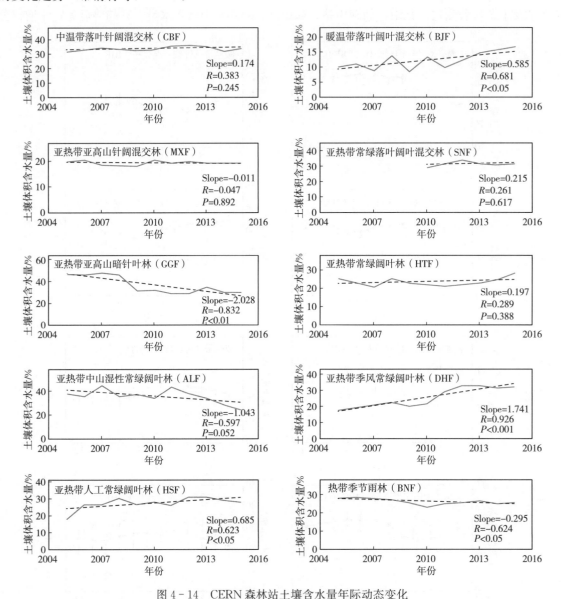

图 4-14　CERN 森林站土壤含水量年际动态变化

注：SNF 土壤含水量探测深度为 0～50 cm，其余生态站均为 0～90 cm 土壤含水量。虚线为线性拟合趋势线。

各森林台站枯枝落叶含水量具有较大差异，其中神农架森林站植物物种丰富度较高，凋落物层厚、组成丰富，具有较好的持水能力，其枯枝落叶含水量高达 135.21％；而鹤山站人工马占相思纯林，林龄小、植物组成较为单一，其枯枝落叶含水量最低，仅为 19.73％。枯枝落叶含水量季节波动较土壤含水量稍高，部分台站具有明显的干湿季特征，长白山、贡嘎山、哀牢山、鹤山、鼎湖山、西双版纳等台站枯枝落叶含水量呈现出夏季高冬季低的特征；而会同、神农架森林台站枯枝落叶含水量在旱季稍高；其他台站未见有明显的季节特征（图 4-15）。除了神农架和鼎湖山森林台站枯枝落叶含水量呈现显著上升趋势（年增幅分别为 8.359％与 3.008％）外，CERN 其他森林台站枯枝落叶含水量未见显著变化趋势（图 4-16）。

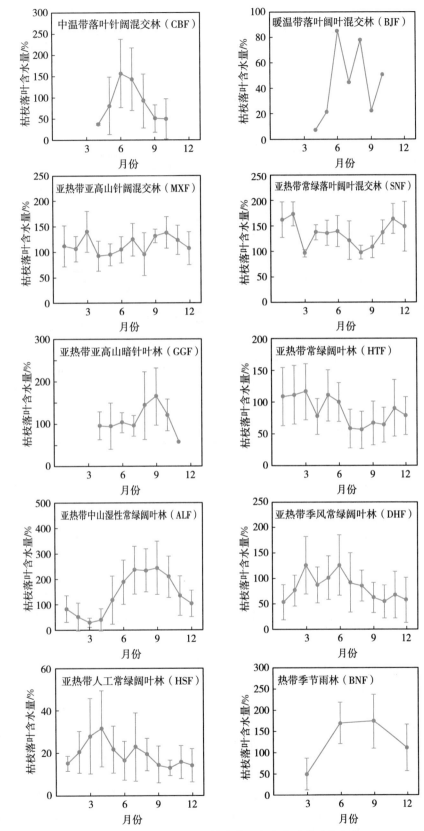

图 4-15 CERN 森林站枯枝落叶含水率季节动态变化

注：BJF 枯枝落叶含水量季节动态为 2006 年观测数据。

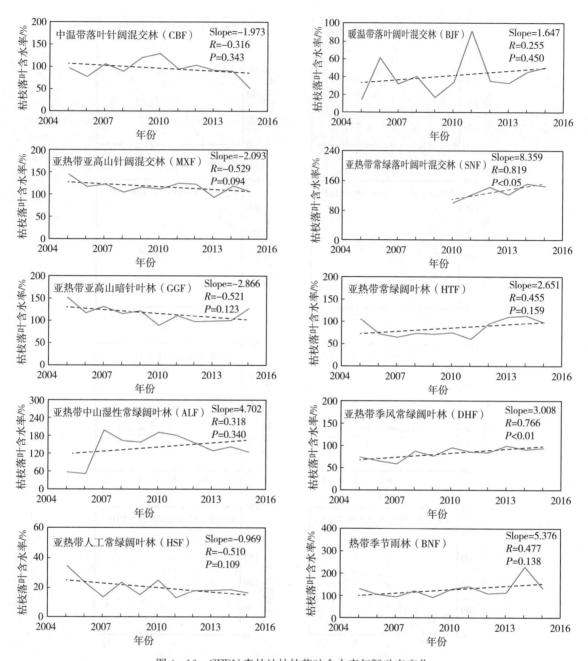

图4-16 CERN森林站枯枝落叶含水率年际动态变化

注：BJF使用每年7—8月均值表示枯枝落叶含水量年均值。虚线为线性拟合趋势线。

　　各森林台站的地下水埋深具有较大差异，其中长白山森林台站的平均地下水埋深最深，为8.37m，鹤山森林台站的平均地下水埋深最浅，为0.16m，其余森林台站的平均地下水埋深在1～3m。地下水埋深季节波动呈现一定的干湿季特征，总体来说，雨季降水充沛，地下水埋深较深，旱季的地下水埋深较浅（图4-17）。地下水埋深最浅的月份集中在6—8月，最深的月份集中在12月至翌年2月。CERN森林生态系统台站地下水埋深在2005—2015年具有不同的变化特征，其中贡嘎山森林台站的地下水埋深上升趋势显著（0.015m/年），而茂县、鼎湖山、鹤山森林台站地下水埋深的下降趋势显著，降幅分别为－0.032m/年、－0.036m/年、－0.034m/年（图4-18）。

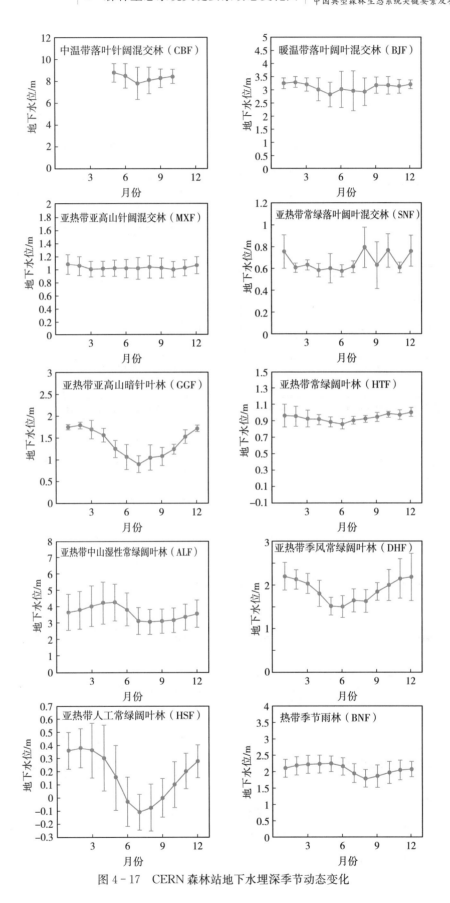

图 4-17　CERN 森林站地下水埋深季节动态变化

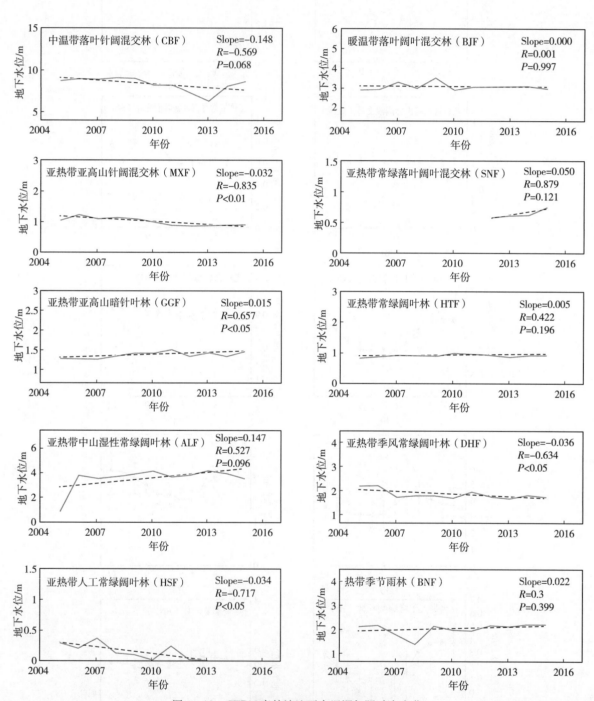

图 4 - 18　CERN 森林站地下水埋深年际动态变化
注：虚线为线性拟合趋势线。

4.3　土壤要素

中国土壤类型多样，由南向北分布有砖红壤、赤红壤、红壤、黄壤、黄棕壤、棕壤、暗棕壤、灰化土带，自东向西有灰土、灰褐土、栗钙土、棕钙土、灰漠土带。CERN 典型森林生态系统土壤有机质含量存在显著差异。哀牢山森林土壤为山地黄棕壤，平均土壤有机质含量最高（91.96 g/kg）；其次是土壤类型为褐土或黄棕壤的暖温带森林或北亚热带森林（茂县、神农架），土壤有机质含量在17.81～22.76 g/kg；亚热带和热带森林（鼎湖山、会同、鹤山和西双版纳台站）土壤类型主要是红壤，土壤有机质含量平均为 12.33 g/kg；长白山和北京森林台站土壤有机质含量最低，土壤有机质

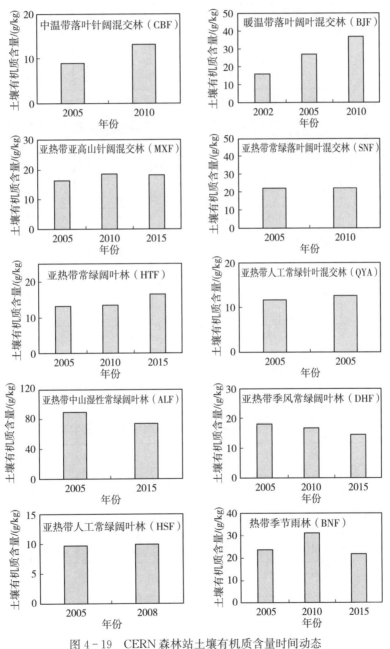

图 4 - 19　CERN 森林站土壤有机质含量时间动态

注：BJF 土层深度为 0～60 cm，HTF 和 DHF 土层深度为 0～80 cm，其余站点均为 0～100 cm。

含量平均为 9.20 g/kg，但其表层（0～10 cm）土壤有机质含量较高，平均达到 45.21 g/kg。2001—2015 年，大部分 CERN 森林生态系统土壤有机质呈增加趋势。鹤山站增加速率最大［1.34 g/（kg·年）］，茂县站增加速率最小［0.04 g/（kg·年）］（图 4-19）。

土壤质地对土壤的保水、保肥性能有很大影响。不同站点间的森林土壤机械组成存在较大差异（图 4-20）。棕色针叶土（长白山）、黄棕壤（哀牢山和神农架）和褐土（北京和茂县）的土壤机械组成中粉粒含量相对较高（42.14%～74.57%）。南方森林（西双版纳、鼎湖山、鹤山和会同）的土壤类型为红壤、砖红壤，其中，西双版纳和鹤山森林土壤的砂粒和黏粒含量相对较高，鼎湖山森林土壤的粉粒含量最高，会同森林土壤的黏粒和粉粒含量较高。

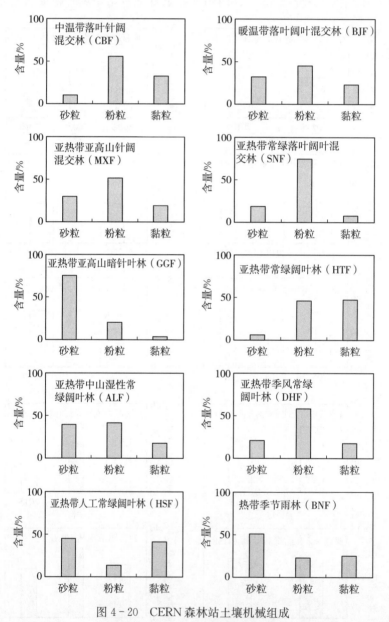

图 4-20　CERN 森林站土壤机械组成

注：ALF、BJF、BNF、CBF、GGF、HSF、MXF、SNF 的土层深度为 100 cm，DHF 和 HTF 的土层深度为 80 cm。

4.4　生物要素

　　2005—2015 年，我国典型森林生态系统乔木层生物量多年在 6.78～47.92 kg/m²，平均为 20.65 kg/m²。从北到南随着温度和降水量的增加，森林生态系统乔木层生物量呈显著的增加趋势，即南方森林生态系统乔木层生物量高于北方。其中，人工林或中幼林龄（北京、千烟洲、鹤山、茂县台站）的生物量与同一气候带的成熟林相比偏小。整体上中温带、暖温带森林乔木层生物量小于亚热带、热带森林。近 10 年 CERN 森林台站乔木层生物量均呈增加趋势（图 4-21）。

　　2005—2015 年，CERN 各森林生态系统的凋落物现存量平均值为 620.24 g/m²，神农架站最高（1 140.75 g/m²），西双版纳站最低（280.81 g/m²）。其中，会同站、鹤山站的凋落物现存量显著下降，下降速率分别为 21.07 g/m² 和 96.07 g/m²（图 4-22）。CERN 各森林生态系统凋落物回收量的平均值为 700.18 g/m²，从北到南呈显著的增加趋势，其中北京森林站最低（371.12 g/m²），鹤山站最高（992.56 g/m²）。西双版纳、茂县、北京森林站的凋落物回收量显著上升，其中西双版纳站凋落物回收量增加速率最快，平均每年增加 35.40 g/m²（图 4-23）。各森林典型生态系统的凋落物回收量均具有明显的季节变化特征。以落叶树种为主的长白山、北京、茂县、神农架森林台站其凋落物回收量的季节变化为单峰型，最大值出现在 10 月。而以常绿树种为主的贡嘎山、会同、哀牢山、鼎湖山、鹤山和西双版纳的凋落物回收量季节变化为双峰型，峰值分别出现在 4—5 月和 8—10 月（图 4-24）。

　　CERN 各森林生态系统的生长旺季（8 月）LAI 平均值为 3.62，其中西双版纳台站最高（5.72），北京森林最低（1.47），总体上从北到南随着温度和降水量的增加而增加。会同、鹤山、西双版纳站的 LAI 呈显著增长趋势（$P<0.05$），其中鹤山站的 LAI 增长最快（年增长 0.042）。长白山、北京、神农架等落叶森林 LAI 具有明显的季节变化，夏季高冬季低。亚热带常绿森林（会同、哀牢山、鹤山、鼎湖山）和热带季节雨林（西双版纳）的 LAI 季节变化较小，一般在 8 月达到最大值（图 4-25）。

　　低纬度地区的落叶树种展叶期较早，高纬度地区的落叶树种展叶期较晚。哀牢山台站展叶期最早，落叶期最晚，优势种的多年平均展叶期发生在 4 月 6 日，多年平均落叶期发生在 10 月 31 日。长白山台站展叶期最晚，落叶期最早，优势种的多年平均展叶期比哀牢山台站晚 33 d，多年平均落叶期早 41 d。贡嘎山虽地处低纬度，但由于海拔较高，物候期特征与高纬地区相似。近 11 年来，哀牢山毛齿藏南枫的展叶期显著提前，平均提前了 1 d（$P<0.05$）；茂县台站锐齿槲栎、神农架台站短柄枹栎、哀牢山台站瓦山安息香的落叶期显著推迟，平均推迟了 4 d（$P<0.05$）；其他森林台站优势落叶树种展叶期和落叶期的变化尚未达到显著水平（图 4-26，图 4-27）。

　　根据 2010 年各站点乔木层物种统计数据，稀有物种从南到北逐渐减少，其中西双版纳站数量为 1 的物种最多，达 80 种，北京站和长白山站则没有物种数为 1 的物种。物种数从南到北减少，但常见物种比例逐渐增多，其中热带的西双版纳站森林其常见物种占比少；而亚热带的鼎湖山站、会同站、神农架站常见种和伴生种分布较均匀；在温带地区常见种的比例较大，北京和长白山站观测数量高于 8 的物种数均有 70% 的比例（图 4-28）。图 4-28 中横坐标为个体数，按照 2^0、2^1、$(2^1～2^2)$、$(2^2～2^3)$…进行分组，分别用 0、1、2、3…表示，纵坐标为个体数在各分组范围内的物种数。

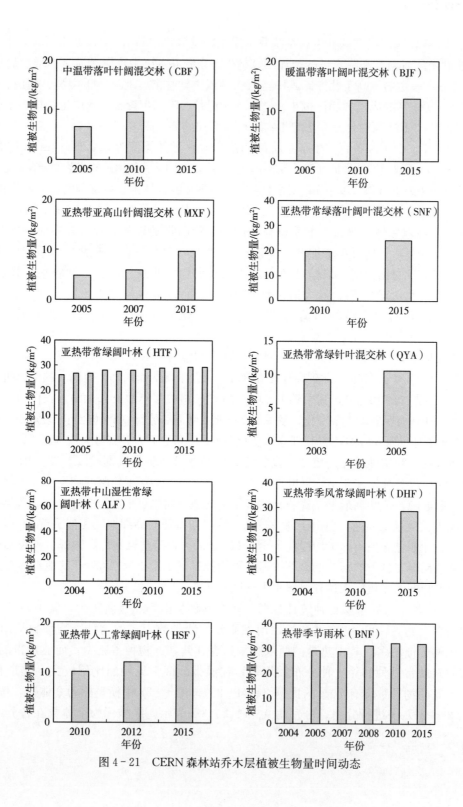

图 4-21　CERN 森林站乔木层植被生物量时间动态

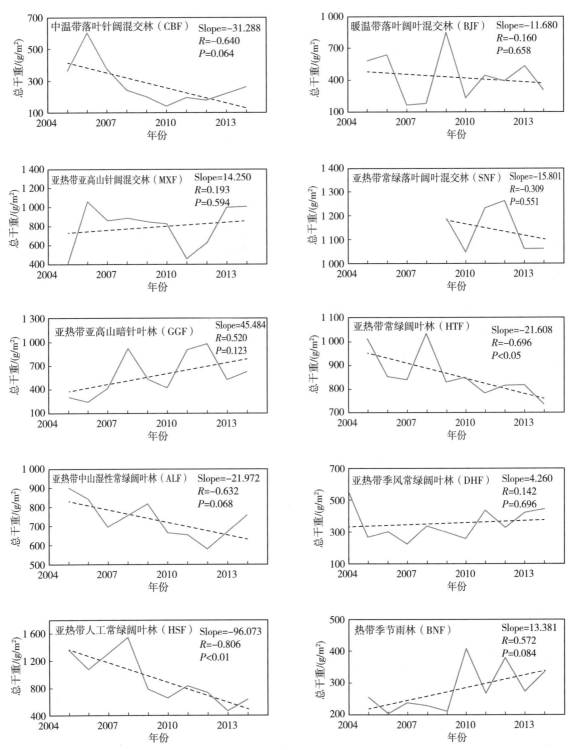

图 4-22　CERN 森林站凋落物现存量年际动态变化

注：虚线为线性拟合趋势线。

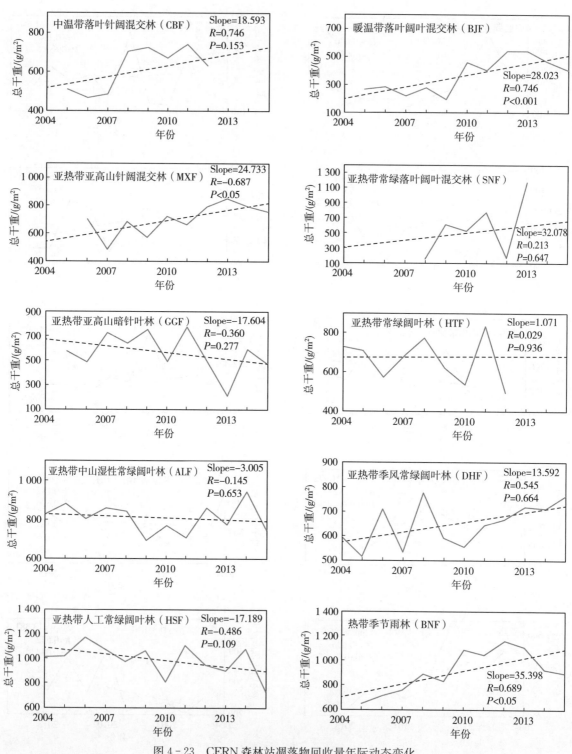

图 4 - 23　CERN 森林站凋落物回收量年际动态变化

注：虚线为线性拟合趋势线。

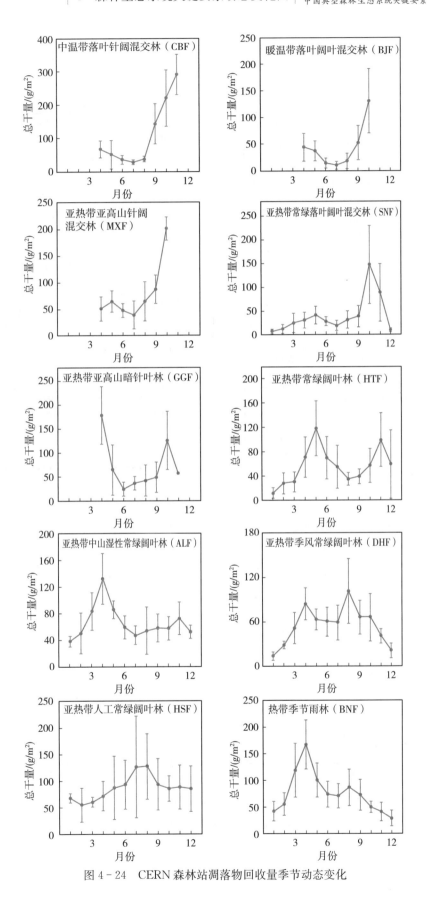

图4-24　CERN森林站凋落物回收量季节动态变化

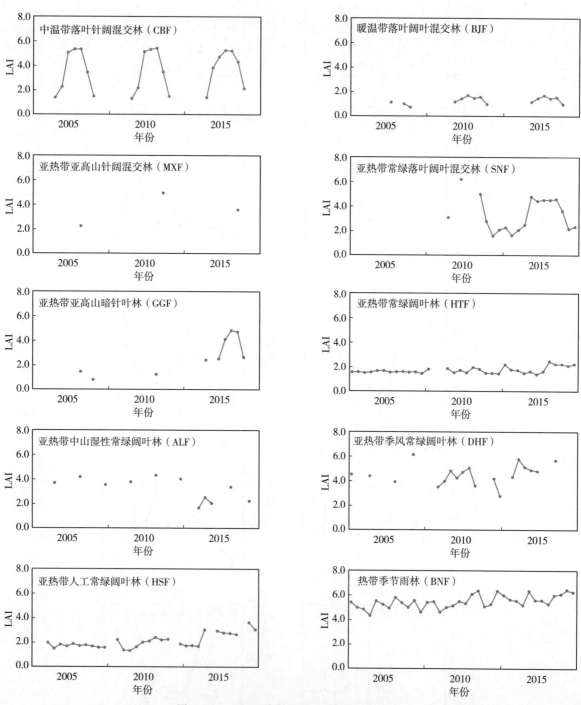

图 4 - 25　CERN 森林站叶面积指数动态变化

注：LAI 全称 leaf area index，叶面积指数。

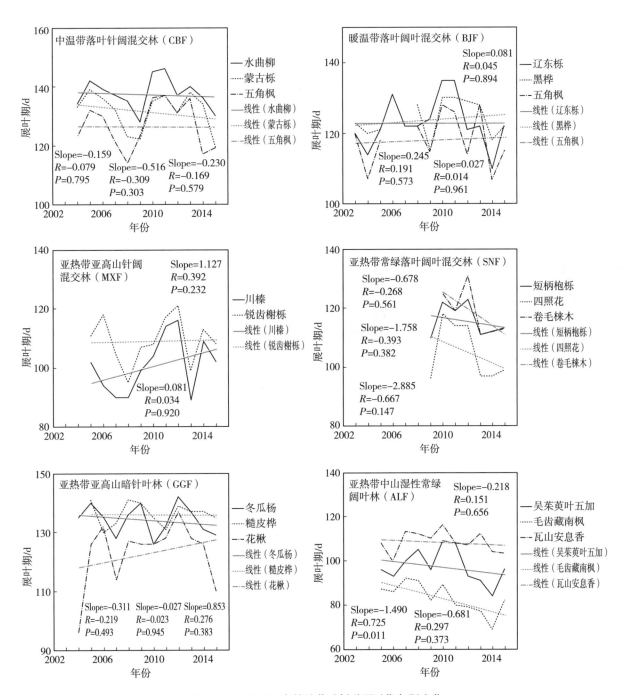

图 4-26　CERN 森林站落叶树种展叶期年际变化

注：展叶期按 DOY（全称 Day of Year，日序）计。

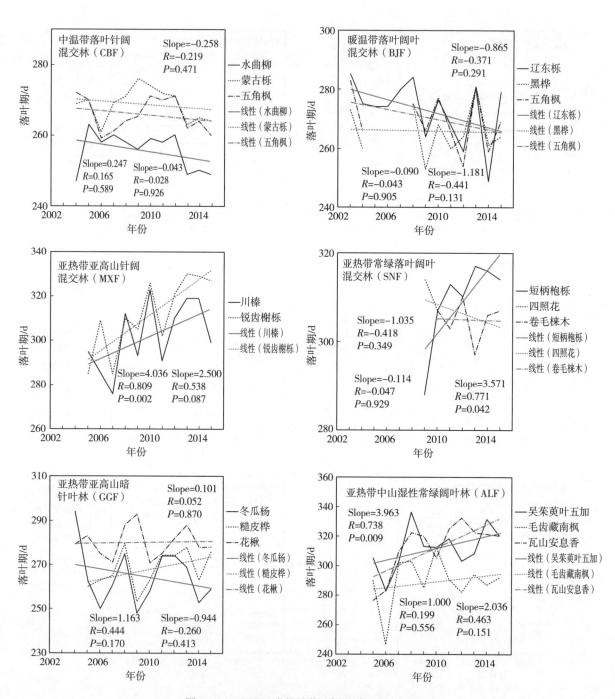

图 4-27　CERN 森林站落叶树种落叶期年际变化

注：落叶期按 DOY（全称 Day of Year，日序）计。

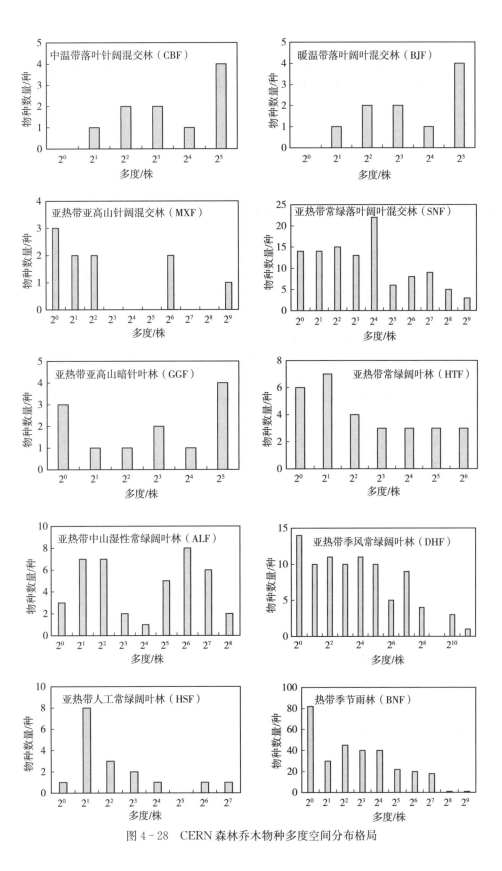

图 4-28 CERN 森林乔木物种多度空间分布格局

5

森林生态系统关键过程参数图

5.1 生产力和固碳关键过程参数

　　生态系统碳分配是指净初级生产力在植物各器官（包括根、茎、叶等）之间的分配，是陆地植物维持其正常功能的重要生理过程之一。10 个典型森林碳分配系数总体呈现分配到木质部的比例大于叶片、细根的规律，范围分别为 42%～82%、7%～35% 和 8%～44%。碳分配系数呈现出明显的空间格局，从北到南随着温度和降水的增加，分配到木质部的比例呈现逐渐增加的趋势，如位于南方的哀牢山站、鼎湖山站和西双版纳站的木质部分配比例均大于 70%，而在水热资源相对匮乏的北方区域如长白山站和北京站等，生产力向木质部分配的比例低于 55%，分配至叶片和细根部更多（图 5-1）。此外，相同气候带中，幼龄林或人工林分配到木质部碳库的比例相对较高，例如茂县站幼龄林光合产物向木质部分配的比例比位于同一纬度上的老龄林神农架站高 13%，反映着不同生长阶段的森林对生产力分配策略的不同。

　　生态系统碳周转时间是指大气 CO_2 通过植物光合作用进入生态系统到通过生态系统呼吸作用、火灾等碳损失过程返回大气所平均消耗的时间。10 个典型森林植被、土壤和生态系统的碳周转时间大小分别介于 3.67～19.41 年、12.87～51.57 年以及 8.10～35.95 年，平均值分别为 10.54 年、29.17 年和 20.67 年（图 5-2）。从北到南，随着温度和降水量的增加，森林生态系统的植被、土壤和生态系统的碳周转时间呈现降低的趋势。从气候带上来看，表现为温带＞亚热带＞热带的格局。其中地处亚热带的中山湿性常绿阔叶林（ALF）明显高于其他站点，这主要是因为其海拔最高，其优势种生长慢、寿命长，加之阴冷环境不利于分解，共同导致了其周转时间偏长。此外，不同林型的周转时间也存在明显差异，其中落叶针叶林/混交林的周转时间较长，其次为常绿针叶林、落叶阔叶林，常绿阔叶林的碳周转时间最短。

5.2 水源涵养功能关键过程参数

　　森林生态系统具有重要的水源涵养功能。林冠层对降水的截留和再分配影响着生态系统的水分流动和养分循环，对森林土壤蓄水和地下水的补给产生重要影响。穿透率、截留率、树干径流率是森林冠层对降水的再分配过程中的重要参数。CERN 森林生态系统整体呈现穿透率＞截留率＞树干径流率的冠层降水再分配特征（图 5-3）。其中穿透率介于 39.62%～87.06%，径流率介于 0.23%～21.42%，截留率介于 12.70%～58.52%。不同森林冠层的降水再分配特征存在较大差异。热带季节雨林（BNF）植被茂盛，冠层枝叶密集，其冠层截留率最高，可达 58.52%，大于穿透率和干流率。亚热带中山湿性常绿阔叶林（ALF）的冠层截留率（12.70%）与树干径流率（0.23%）均最低，大部分降水到达土壤层后被很好地贮存。常绿阔叶林（ALF、DHF、HSF、HTF）的平均冠层截留率为 19.24%，落叶阔叶混交林（BJF、SNF）的平均冠层截留率为 24.30%，针阔混交林（CBF、

MXF）的平均冠层截留率为 31.71%。

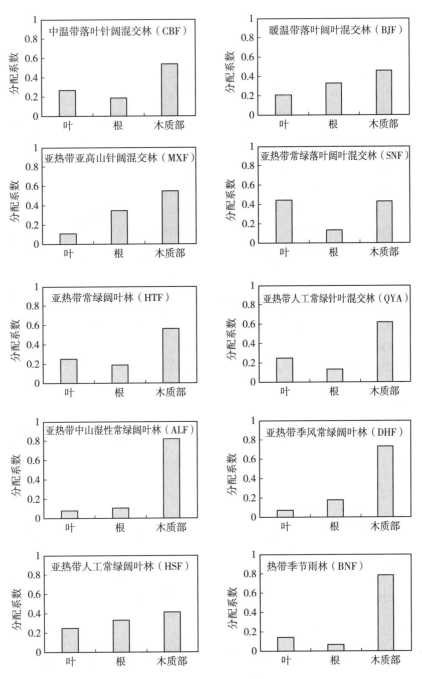

图 5-1 CERN 森林站碳分配系数空间分布

注：AF 为叶片分配系数，AR 为细根分配系数，AW 为木质部分配系数。

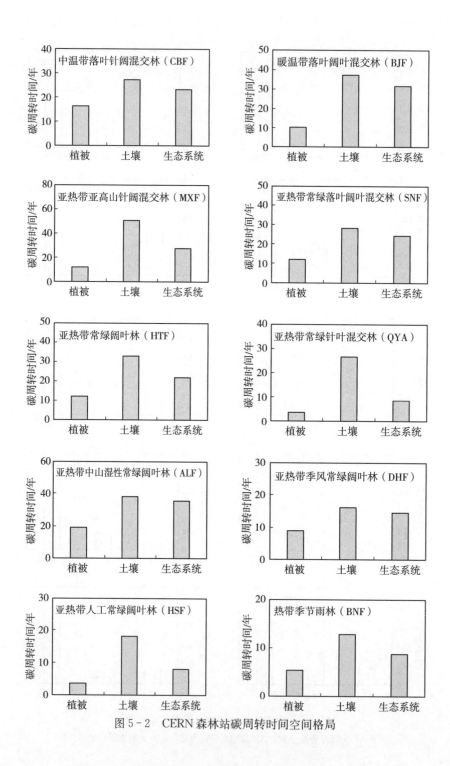

图 5-2 CERN 森林站碳周转时间空间格局

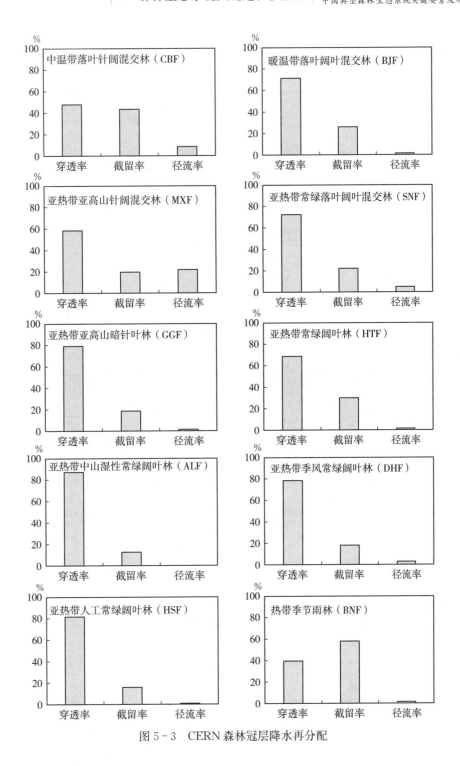

图 5-3　CERN 森林冠层降水再分配

5.3　土壤保持功能关键过程参数

　　侵蚀性降雨量和降雨侵蚀力是计算土壤保护功能的两个重要参数。侵蚀性降雨量是发生土壤侵蚀事件时的降雨量。鹤山站、哀牢山站的侵蚀性降雨量最高，超过 1 200 mm；其次为贡嘎山站、西双版纳站、神农架站、会同站、鼎湖山站，侵蚀性降雨量为 700~1 200 mm；长白山站、北京森林站、茂县站的侵蚀性降雨量最低，不足 400 mm。2005—2015 年，中国典型森林生态系统年侵蚀性降雨量的变化整体与年总降雨量的变化类似，贡嘎山站、西双版纳站、哀牢山站、长白山站的侵蚀性降雨量呈下降趋势，其余站点侵蚀性降雨量呈上升趋势，仅会同站呈现显著上升趋势（速率为 46.33 mm/年）（图 5 - 4）。

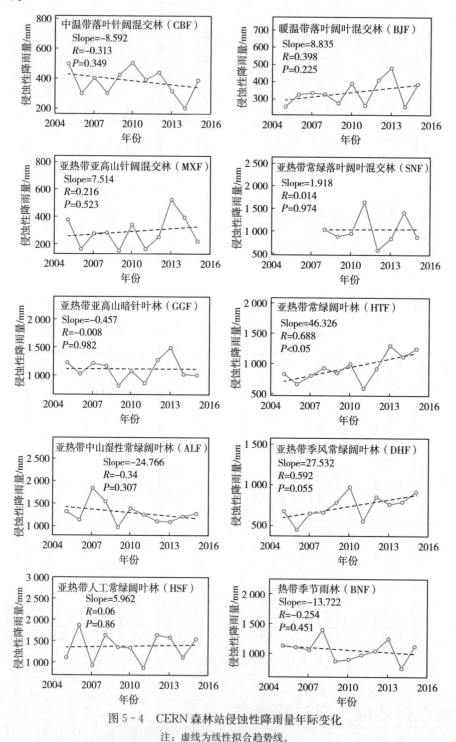

图 5 - 4　CERN 森林站侵蚀性降雨量年际变化

注：虚线为线性拟合趋势线。

　　降雨侵蚀力是降雨引起土壤侵蚀的潜在能力。西双版纳站、贡嘎山站的降雨侵蚀力最高，超过 4 000 MJ·mm/（hm²·h）；其次为哀牢山站、神农架站、鹤山站、鼎湖山站、会同站，降雨侵蚀力为 1 800～4 000 MJ·mm/（hm²·h）；长白山站、北京森林站、茂县站的降雨侵蚀力最低，不足 800

MJ·mm/（hm²·h）。2005—2015 年所有森林生态系统的降雨侵蚀力变化趋势均不显著，其中侵蚀性降雨量下降的贡嘎山站、西双版纳站、哀牢山站、神农架站的降雨侵蚀力也呈下降趋势，其余站点降雨侵蚀力呈上升趋势，但变化趋势均未达到显著水平（图 5‑5）。

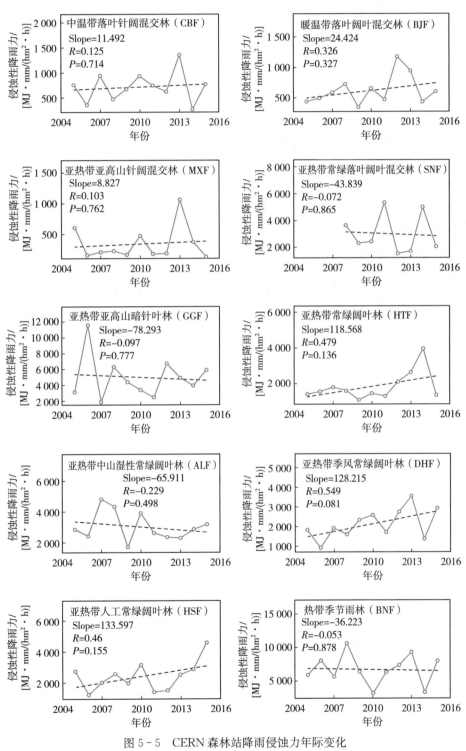

图 5‑5　CERN 森林站降雨侵蚀力年际变化

注：虚线为线性拟合趋势线。

森林生态系统关键功能动态变化与空间格局图

6.1　生产力和固碳功能动态变化与空间格局

森林生态系统是陆地生物圈的主要碳储存库，具有重要的固碳功能，在全球碳循环和应对气候变化中具有重要作用。2005—2015 年，10 个典型森林生态系统碳密度多年平均值在 10.16～53.54 kg/m²，南方森林生态系统碳密度高于北方（图 6-1）。其中，植被碳密度多年平均值在 3.73～24.33 kg/m²，占生态系统碳密度的 20.23%～63.17%，北京站、千烟洲站、鹤山站以及茂县站这些人工林或中幼龄林的植被碳密度低于同一气候带的成熟林；土壤碳密度多年均值在 4.23～29.38 kg/m，在空间上与土壤有机碳含量格局一致。近 10 年典型森林植被、土壤和生态系统碳密度总体呈增加趋势，表明生态系统呈持续固碳状态（图 6-2 至图 6-4）。其中，南方森林植被碳密度的增速高于北方，人工林和中幼龄林植被碳密度的增速高于老龄林。北方森林土壤固碳速率高于南方。鼎湖山土壤碳呈现稳定或轻微下降趋势，这与深层土壤有机质含量变化一致。

总初级生产力（GPP）决定了生态系统通过光合作用的碳输入，净初级生产力（NPP）是碳吸收除去自养呼吸后的剩余有机物质，是陆地生态系统碳循环的重要指标。10 个典型森林生态系统的总初级生产力（GPP）和净初级生产力（NPP）的多年均值分别为 699.27～2 750.68 g/（m²·年）和 392.90～917.90 g/（m²·年）。各森林站 GPP、NPP 均呈现随纬度增加而下降的格局，其中人工林或中幼龄林（BJF 和 HSF）的 GPP 和 NPP 相对偏低（图 6-1）。2005—2015 年大多数森林生态系统的 GPP 和 NPP 均呈上升趋势，其中南方站点的上升趋势更为显著（图 6-5，图 6-6）。

净生态系统生产力（NEP）是净初级生产力与土壤呼吸作用的差值。对于不受人类活动干扰的森林生态系统，NEP 反映了陆地生态系统的固碳能力。10 个典型森林生态系统均呈现碳汇功能，净生态系统生产力（NEP）的平均值为 309.95 g/（m²·年）。森林碳汇大小总体呈现亚热带大于中温带、热带和暖温带的规律，其中，中温带落叶针阔混交林（CBF）NEP 的多年均值为 313.46 g/（m²·年），暖温带落叶阔叶混交林（BJF）和热带季节雨林 NEP 均值分别为 231.78g/（m²·年）和 266.36 g/（m²·年），亚热带森林中千烟洲人工针叶林的 NEP 最大，为 466.63 g/（m²·年）（图 6-7）。总体上，GPP、NPP、NEP 随温度和降水升高均呈现增加的格局，其中 GPP 变化趋势相对于 NPP 更为显著（图 6-8）。时间上，各站点 NEP 近 10 年的年际变化受 NPP 的影响较大。因此，在长白山站、哀牢山站和北京站 NPP 波动下降的站点，NEP 也呈现类似趋势，其余站 NEP 则呈波动上升趋势，其中亚热带和热带森林站点碳汇的增加趋势更为显著（图 6-6）。

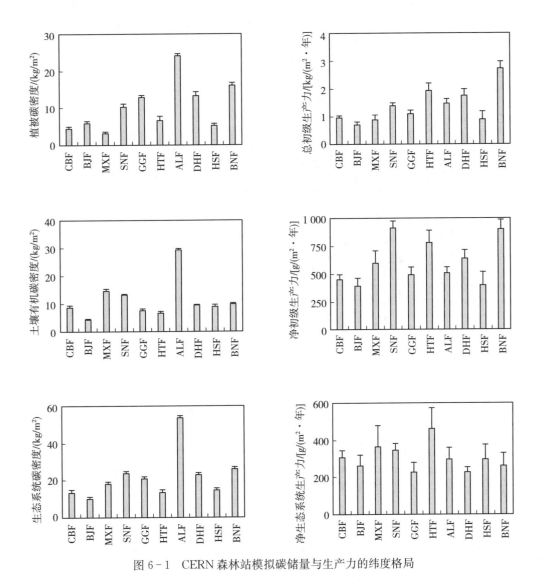

图 6-1　CERN 森林站模拟碳储量与生产力的纬度格局

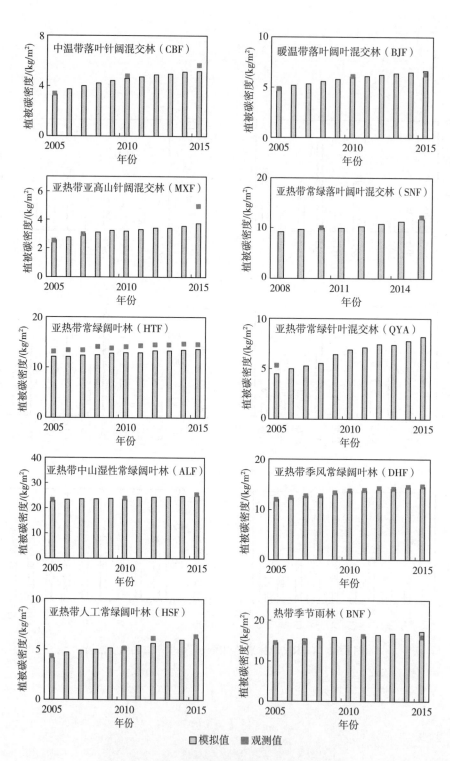

图 6-2　CERN 森林站植被碳密度年际动态变化

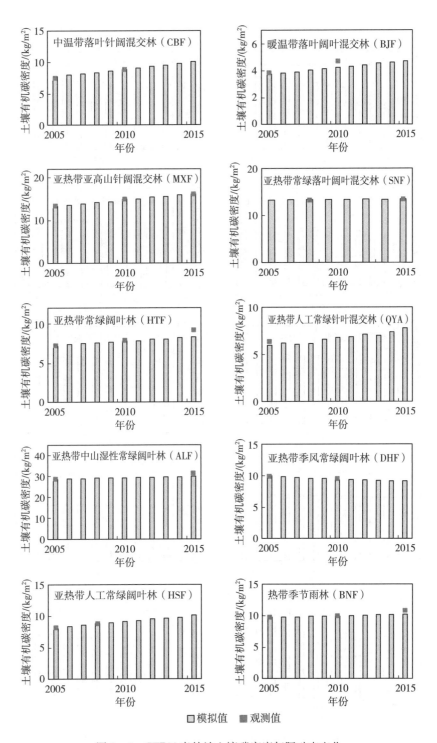

图 6-3　CERN 森林站土壤碳密度年际动态变化

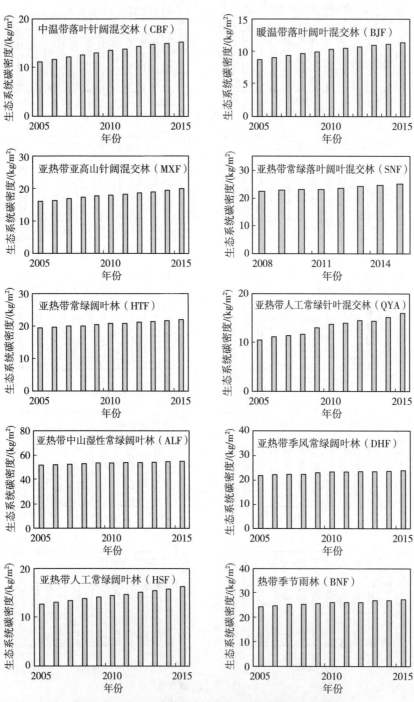

图6-4　CERN森林站生态系统碳密度年际动态变化

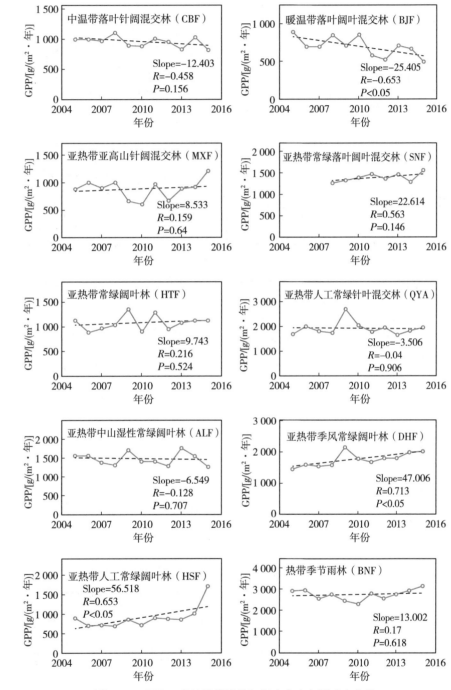

图 6-5　CERN 森林站模拟总初级生产力年际动态变化

注：虚线为线性拟合趋势线。

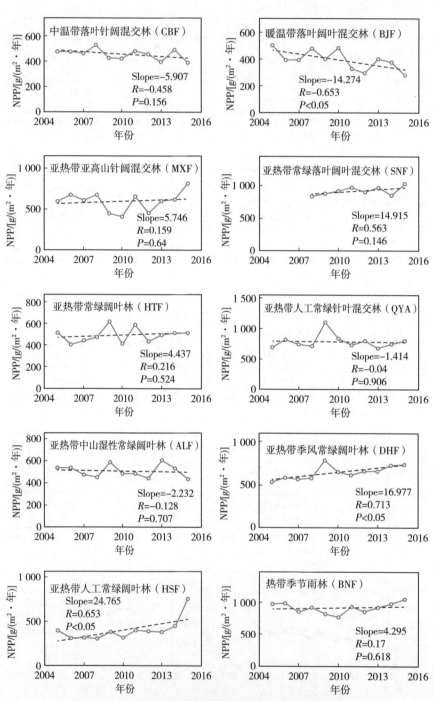

图 6-6　CERN 森林站模拟净初级生产力年际动态变化

注：虚线为线性拟合趋势线。

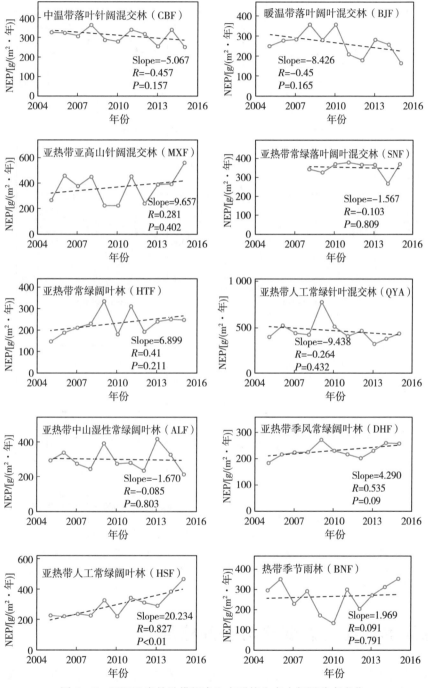

图 6-7　CERN 森林站模拟净生态系统生产力年际动态变化

注：虚线为线性拟合趋势线。

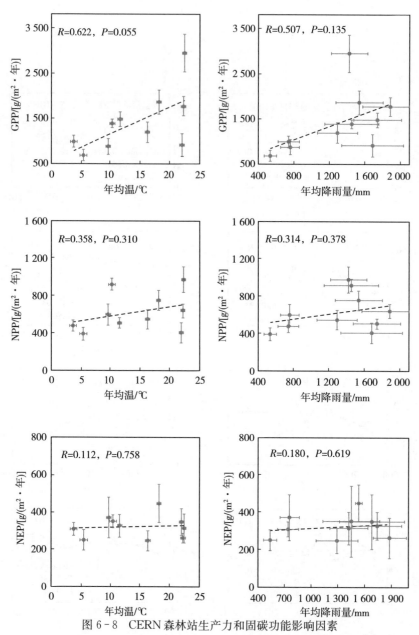

图 6-8　CERN 森林站生产力和固碳功能影响因素

注：GPP 为 Gross Primary Productivity，总初级生产力。NPP 为 Net Primary Productivity，净初级生产力。NEP 为 Net Ecosystem Productivity，净生态系统生产力。虚线为线性拟合趋势线。

6.2　水源涵养功能动态变化与空间格局

采用枯枝落叶蓄水量与土壤蓄水量之和作为森林生态系统的综合蓄水量，其值越大，说明该森林生态系统的水源涵养功能越强。CERN 森林生态系统综合蓄水量在 106.7～339.8 mm，其中枯枝落叶蓄水量为 0.176～1.037 mm，其大小主要由凋落物现存量决定，而变化趋势主要由枯枝落叶含水率决定（图 6-9 至图 6-11）。凋落物层虽然具有拦蓄降水、降低雨滴动能、防止土壤溅蚀等重要作用，但其蓄水量量级很小，对于水源涵养功能来说几乎可以忽略不计。而土壤蓄水量占比高达 95% 以上，是森林生态系统水源涵养的主体，森林植被系统和地表凋落物通过调节降水入渗、土壤水分蒸散来发挥水源涵养功能。因此，综合蓄水量的时间变化与空间分布格局均与土壤蓄水量高度一致。

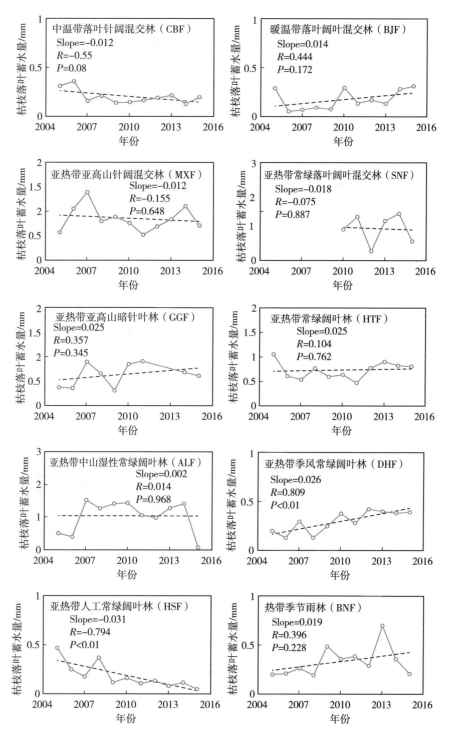

图6-9　CERN森林站枯枝落叶蓄水量年际动态变化

注：虚线为线性拟合趋势线。

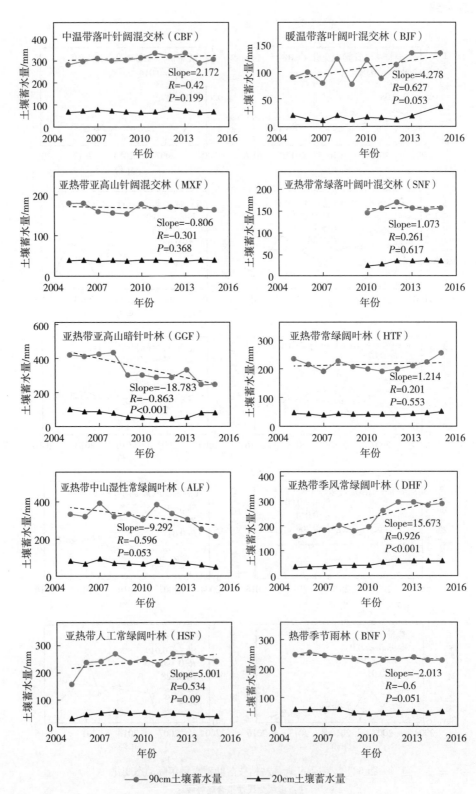

图 6-10　CERN 森林站土壤蓄水量年际动态变化

注：虚线为线性拟合趋势线。

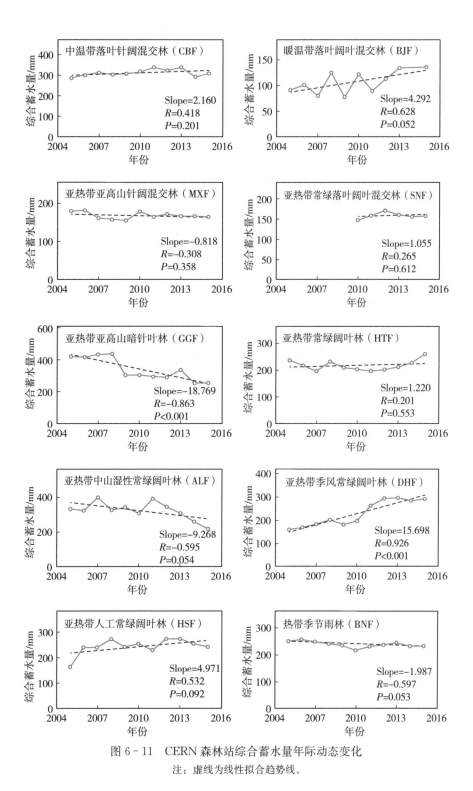

图 6-11 CERN 森林站综合蓄水量年际动态变化

注：虚线为线性拟合趋势线。

森林平均 0～20 cm 土壤蓄水量在 17.32～69.26 mm，0～90 cm 土壤蓄水量介于106.7～339.8 mm，其空间格局和土壤含水量的空间格局基本一致，整体呈现出南高北低的特征。其中贡嘎山森林的 0～90 cm 土壤蓄水量最高，北京森林站的 0～90 cm 土壤蓄水量最低；而表层 0～20 cm 土壤蓄水量大小分布格局为：哀牢山站、长白山站、贡嘎山森林站的 0～20 cm 土壤蓄水量最高，平均达 67.17 mm，北京森林站的 0～20 cm 土壤蓄水量同样为 10 个森林站中最低（图 6-12）。森林土壤蓄水量的时间动态与土壤含水量完全一致。鼎湖山站、鹤山站、会同站位于降水增多的华东－华南暖湿趋势区，降水增加，土壤含水量随之增加，土壤蓄水量随之增加，其中鼎湖山站土壤含水量上升趋势显著，增幅为 15.673 mm/年；贡嘎山站、哀牢山站与西双版纳站位于黄土高原—云贵高原暖干趋势带，降水呈减少趋势，土壤蓄水量随着土壤含水量的下降而下降，降幅分别为 -18.783 mm/年（$P<0.001$）、-9.292 mm/年、-2.013 mm/年；北方的北京站、长白山站土壤蓄水量有不显著的上升趋势（图 6-10）。

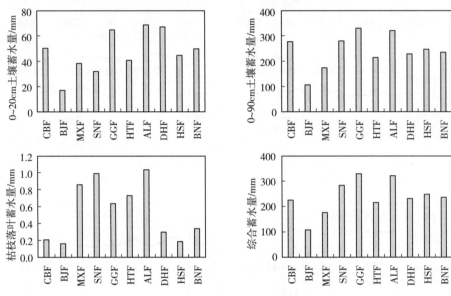

图 6-12　CERN 森林蓄水量的纬度格局

　　结合模型计算的蒸散数据，CERN 森林生态系统土壤蓄水量与综合蓄水量分别与降水量、降水蒸散差均存在显著的相关关系，其中综合蓄水量与土壤蓄水量与降水蒸散差的关系要强于与降水的单因子相关性（图 6-13，图 6-14）。降水作为森林生态系统水分的主要来源，而蒸散是主要的输出项，两者之差可近似看为森林生态系统的可利用水量。森林生态系统通过冠层对降水的再分配、林下穿透雨将水分补给凋落物层并进一步下渗到土壤层的过程中实现生态系统的水源涵养功能。综合来看，近 11 年来，CERN 各森林站点水源涵养量的变化主要受降水变化控制，蒸散对其也有一定影响；同时土壤蓄水是水源涵养功能的主要表现（常清青，2021）。

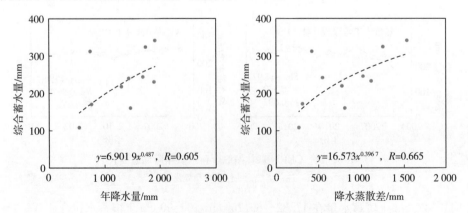

图 6-13　CERN 森林综合蓄水量与气象因子的关系

注：虚线为拟合趋势线。

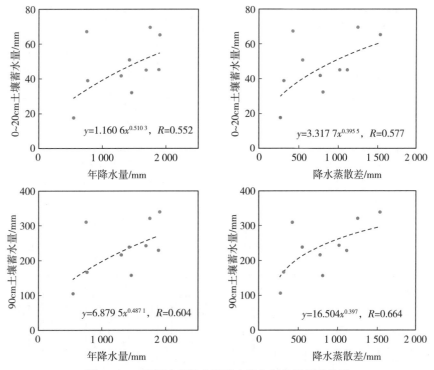

图 6-14　CERN 森林土壤蓄水量与气象因子的关系

注：虚线为拟合趋势线。

6.3　生物多样性功能动态变化与空间格局

森林是陆地生态系统生物多样性最重要的资源库。1999—2015 年，CERN 典型森林的乔木物种丰富度和 Shannon-Wiener 指数总体处于平稳状态，仅亚热带森林区域物种丰富度有所增加，主要表现为阔叶树种增加，这是针叶树种向阔叶树种阶段演替的结果（图 6-15，图 6-16）。CERN 典型森林 Simpson 指数基本都趋于平稳状态，说明优势度的变化不明显，森林生态系统总体较为稳定。但热带季雨林 Simpson 指数出现显著下降，主要由于 2010—2015 年，乔木层植物个体数减少，优势物种数量下降，导致乔木层优势度降低（图 6-17）。除了亚热带阔叶林 Pielou 指数呈显著增加（$R=0.379$，$P<0.05$）外，CERN 其他典型森林生态区域的 Pielou 指数基本都处于平稳状态（图 6-18）。

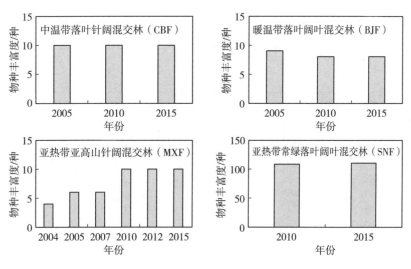

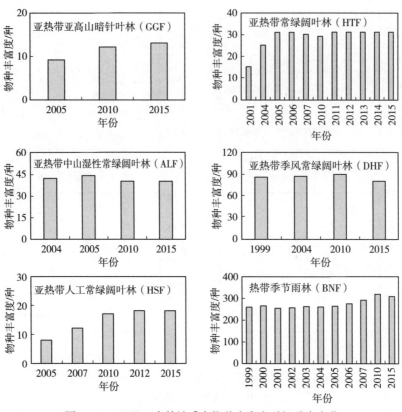

图 6-15　CERN 森林站乔木物种丰富度时间动态变化

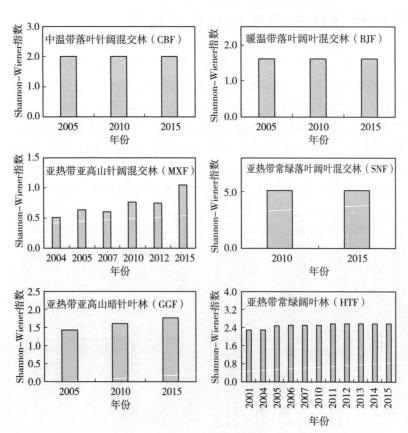

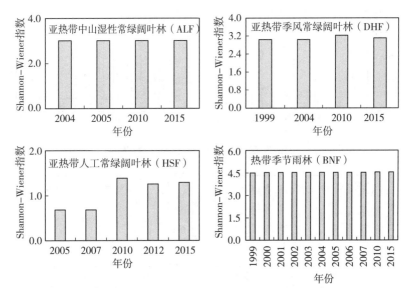

图 6-16　CERN 森林站乔木 Shannon-Wiener 指数时间动态变化

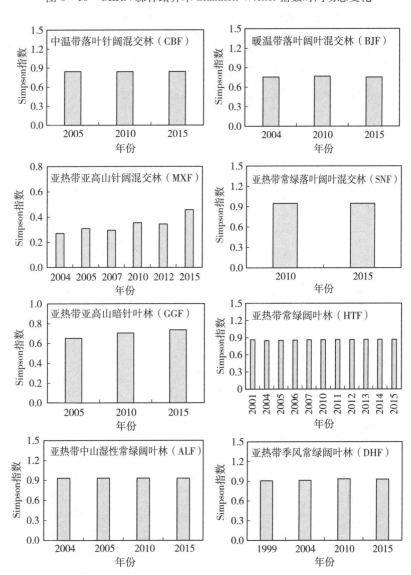

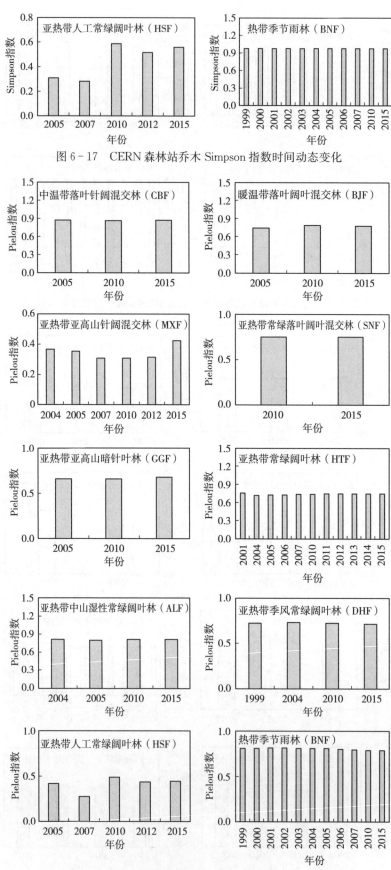

图 6-17　CERN 森林站乔木 Simpson 指数时间动态变化

图 6-18　CERN 森林站乔木 Pielou 指数时间动态变化

乔木生物多样性指数中的物种丰富度、Shannon-Wiener 指数、Simpson 指数总体随纬度升高而下降，但尚未达到统计显著水平（图 6-19），在经度梯度上也未见显著相关关系（图 6-20）。乔木生物多样性指数与气候因子的相关分析结果表明，物种丰富度与温度呈显著正相关（$R=0.69$，$P<0.05$）（图 6-21），与降水量的关系并不显著（图 6-22）。

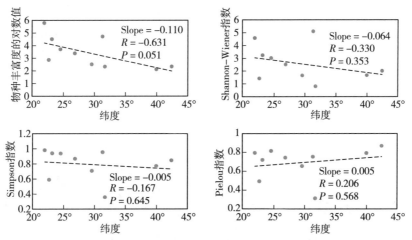

图 6-19　CERN 森林站乔木物种多样性指数随纬度的分布格局

注：虚线为线性拟合趋势线。

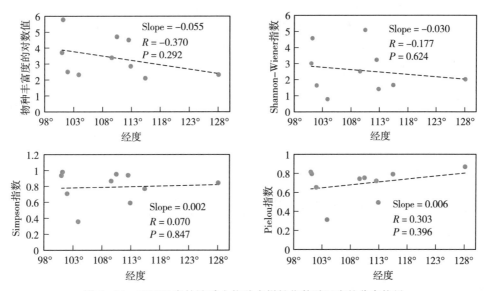

图 6-20　CERN 森林站乔木物种多样性指数随经度的分布格局

注：虚线为线性拟合趋势线。

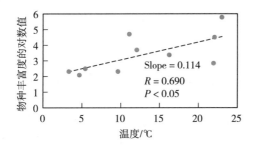

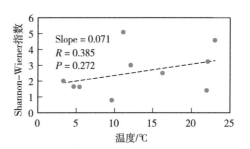

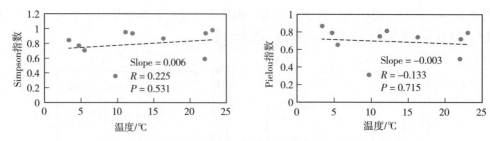

图 6-21　CERN 森林站乔木物种多样性指数与气温的相关性
注：虚线为线性拟合趋势线。

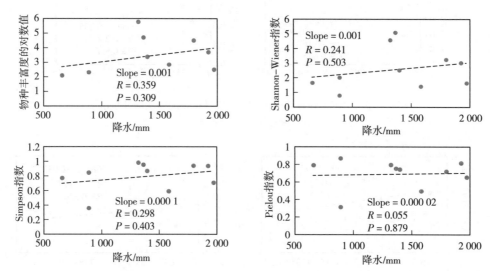

图 6-22　CERN 森林站乔木物种多样性指数与降水的相关性
注：虚线为线性拟合趋势线。

6.4　生态系统土壤保持功能动态变化与空间格局

　　土壤保持功能是生态系统重要调节服务之一，采用土壤保持量即潜在土壤侵蚀量和实际土壤侵蚀量的差值来表示（图 6-23 至图 6-25）。2005—2015 年，土壤保持量呈现自北至南显著上升的空间格局。不同台站土壤保持量变化范围为 4.44～891.67 t/（hm²·年），其中鼎湖山站、西双版纳站和鹤山站土壤保持量较高，大于 500 t/（hm²·年），其余森林站的土壤保持量除长白山站低于 10 t/（hm²·年），均处于 100～500 t/（hm²·年）范围内（图 6-26）。根据相关性分析，土壤保持量与纬度呈显著负相关关系，纬度每增加 1°，土壤保持量下降 23.38 t/（hm²·年）（图 6-27）。现实土壤侵蚀量变化范围为 0.07～11.51 t/（hm²·年），其中贡嘎山站现实土壤侵蚀量的多年均值高于 10 t/（hm²·年），长白山站、茂县站、神农架站、哀牢山站和西双版纳站现实土壤侵蚀量的多年均值均低于 1 t/（hm²·年），但所有站现实土壤侵蚀量均小于水利部颁布的容许土壤流失量，属于微度侵蚀（董蕊等，2020）。

　　由于不同森林生态系统的土壤保持量受森林结构以及各自所处的气候条件、地形条件等环境因素的影响，土壤保持量存在明显的量级差异。因此采用土壤保持率反映森林生态系统对土壤侵蚀的调控速率。总体上，各森林站的土壤保持率都在 96% 以上，说明各森林生态系统土壤保持功能都得到充分发挥。2005—2015 年，CERN 各森林生态系统土壤保持率均呈上升趋势，其中茂县站、鹤山站和贡嘎山站土壤保持率上升趋势显著，速率分别为 0.08%/年、0.12%/年和 0.22%/年（图 6-28）。主要受林龄的影响（$R^2=0.56$），中幼龄林的土壤保持率较高，随着林龄的增加，土壤保持量年际变化趋于稳定（董蕊等，2020）（图 6-29）。

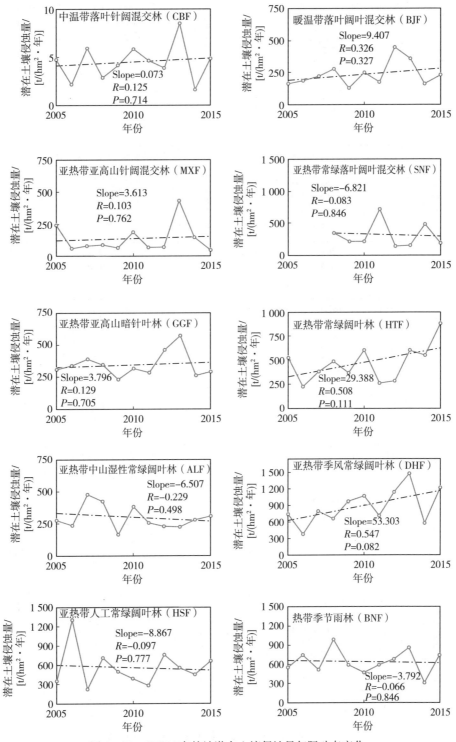

图 6-23　CERN 森林站潜在土壤侵蚀量年际动态变化

注：虚线为线性拟合趋势线。

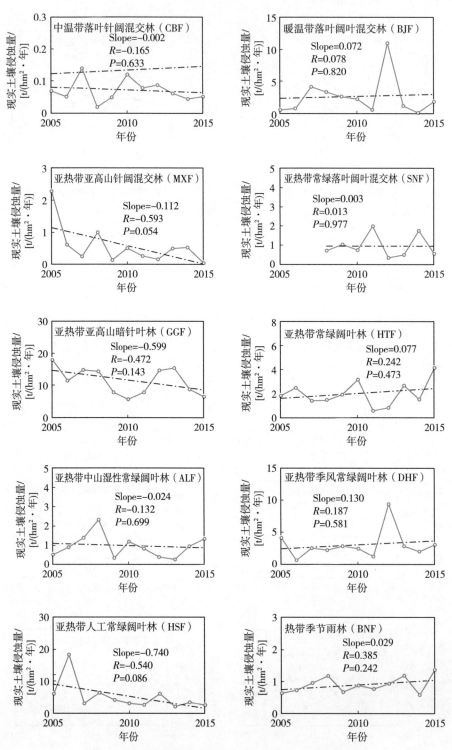

图 6 - 24　CERN 森林站现实土壤侵蚀量年际动态变化
注：虚线为线性拟合趋势线。

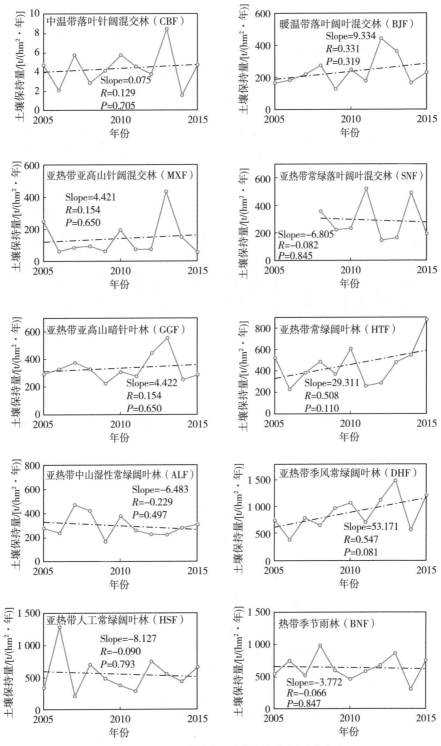

图 6-25　CERN 森林站土壤保持量年际动态变化

注：虚线为线性拟合趋势线。

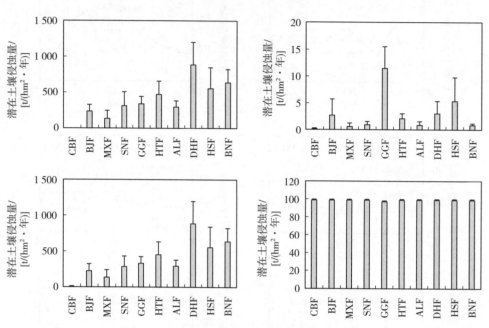

图 6 - 26　CERN 森林土壤保持功能的纬度梯度

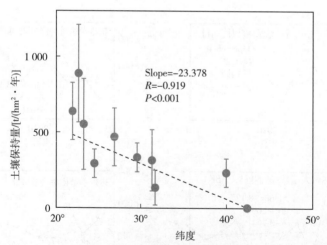

图 6 - 27　土壤保持量与纬度相关性
注：虚线为线性拟合趋势线。

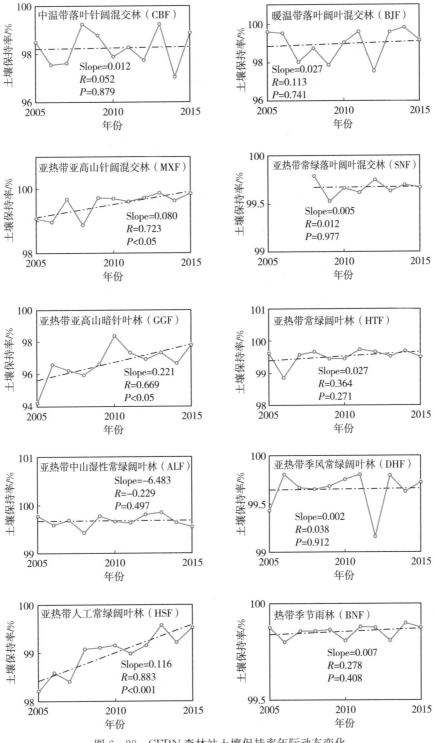

图 6-28　CERN 森林站土壤保持率年际动态变化

注：虚线为线性拟合趋势线。

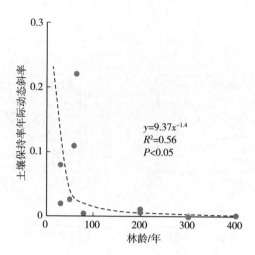

图 6 - 29　土壤保持率与林龄相关性

注：虚线为拟合趋势线。

参 考 文 献

蔡崇法，丁树文，史志华，等，2000. 应用 USLE 模型与地理信息系统 IDRISI 预测小流域土壤侵蚀量的研究 ［J］．水土保持学报（13）：19-24.

常清青，何洪林，牛忠恩，等，2021. 中国典型森林生态系统土壤水分时空分异及其影响因素 ［J］．生态学报，2021，41（2）：490-502.

董蕊，任小丽，盖艾鸿，等，2020. 基于中国生态系统研究网络的典型森林生态系统土壤保持功能分析 ［J］．生态学报，40（7）：2310-2320.

范玉龙，胡楠，丁圣彦，等，2016. 陆地生态系统服务与生物多样性研究进展 ［J］．生态学报，36（15）：4583-4593.

方精云，沈泽昊，唐志尧，等，2004."中国山地植物物种多样性调查计划"及若干技术规范 ［J］．生物多样性，12（1）：5-9.

傅伯杰，牛栋，于贵瑞，2007. 生态系统观测研究网络在地球系统科学中的作用 ［J］．地理科学进展，26（1）：1-16.

黄丽，张心昱，袁国富，等，2019. 我国典型陆地生态系统水化学离子特征及空间分布 ［J］．环境科学，40（5）：2086-2093.

黄丽，朱治林，唐新斋，等，2020.2004—2016 年中国生态系统研究网络（CERN）台站水中八大离子数据集 ［J］．中国科学数据（中英文网络版），5（2）：110-122.

江忠善，郑粉莉，武敏，2005. 中国坡面水蚀预报模型研究 ［J］．泥沙研究，（4）：1-6.

李士美，谢高地，张彩霞，等，2010. 森林生态系统土壤保持价值的年内动态 ［J］．生态学报，30（13）：3482-3490.

刘旭艳，唐新斋，朱治林，等，2020.2004—2016 年中国生态系统研究网络水体酸碱度和总溶解性固体数据集 ［J］．中国科学数据（中英文网络版），5（3）：250-261.

刘旭艳，张心昱，袁国富，等，2019. 近 10 年中国典型农田生态系统水体 pH 和矿化度变化特征 ［J］．环境化学，38（6）：1214-1222.

马超飞，马建文，布和敖斯尔，2001. USLE 模型中植被覆盖因子的遥感数据定量估算 ［J］．水土保持通报，21（4）：6-9.

任小丽，何洪林，张黎，等，2014.1981—2010 年中国散射光合有效辐射的估算及时空特征分析 ［J］．地理学报，69（3）：323-333.

任小丽，何洪林，张黎，等，2017.1981—2010 年中国逐月散射光合有效辐射空间数据集 ［J］．中国科学数据（中英文网络版），2（1）：67-72＋198-204.

孙婉馨，张黎，任小丽，等，2020.1998—2017 年中国典型森林生态系统潜在蒸散的变化趋势及成因 ［J］．资源科学，42（5）：920-932.

吴安驰，邓湘雯，任小丽，等，2018. 中国典型森林生态系统乔木层群落物种多样性的空间分布格局及其影响因素 ［J］．生态学报，38（21）：210-221.

徐志伟，张心昱，孙晓敏，等，2011.2004—2009 年我国典型陆地生态系统地下水硝态氮评价 ［J］．环境科学，32（10）：2827-2833.

徐志伟，张心昱，于贵瑞，等，2014. 中国水体硝酸盐氮氧双稳定同位素溯源研究进展 ［J］．环境科学，35（8）：3230-3238.

于秀波，付超，2007. 美国长期生态学研究网络的战略规划——走向综合科学的未来 ［J］．地球科学进展，22（10）：1087-1093.

袁国富，张心昱，唐新斋，等，2012. 陆地生态系统水环境观测质量保证与质量控制 ［M］．北京：中国环境科学出版社．

袁国富，朱治林，张心昱，等，2019．陆地生态系统水环境观测指标与规范［M］．北京：中国环境科学出版社．

张心昱，孙晓敏，袁国富，等，2009．中国生态系统研究网络水体 pH 和矿化度监测数据初步分析［J］．地球科学进展，24（9）：1042 - 1050．

章文波，付金生，2003．不同类型雨量资料估算降雨侵蚀力［J］．资源科学，25（1）：35 - 41．

章文波，谢云，刘宝元，2002．利用日雨量计算降雨侵蚀力的方法研究［J］．地理科学，22（6）：706 - 711．

赵士洞，2001．国际长期生态研究网络（ILTER）——背景、现状和前景［J］．植物生态学报，25（4）：510 - 512．

朱旭东，何洪林，刘敏，等，2010．近 50 年中国光合有效辐射的时空变化特征［J］．地理学报，65（3）：270 - 280．

祝昌汉，1984．我国散射辐射的计算方法及其分布［J］．太阳能学报（3）：20 - 27．

BAHLAI C A, HART C, KAVANAUGH M T, et al., 2021. Cascading effects：insights from the US Long Term Ecological Research Network［J］. Ecosphere, 12（5）：e03430.

BARBERO F J, LOPEZ G, BATLLES F J, 2006. Determination of daily solar ultraviolet radiation using statistical models and artificial neural networks［J］. Annales Geophysicae, 24（8）：2105 - 2114.

BARRETT D J, 2002. Steady state turnover time of carbon in the Australian terrestrial biosphere［J］. Global Biogeochemical Cycles, 16（4）：1108.

BORRELLI P, ROBINSON D A, FLEISCHER L R, et al., 2017. An assessment of the global impact of 21st century land use change on soil erosion［J］. Nature Communications, 8：2013.

CARVALHAIS N, REICHSTEIN M, SEIXAS J, et al., 2008. Implications of the carbon cycle steady state assumption for biogeochemical modeling performance and inverse parameter retrieval［J］. Global Biogeochemical Cycles, 22（2）：GB2007.

CARVALHAIS, N, FORKEL M, KHOMIK M, et al., 2014. Global covariation of carbon turnover times with climate in terrestrial ecosystems［J］. Nature, 514（7521）：213 - 217.

COMITA L S, 2017. How latitude affects biotic interactions［J］. Science, 356（6345）：1328 - 1329.

COWLES J, TEMPLETON L, BATTLES J J, et al., 2021. Resilience：insights from the US LongTerm Ecological Research Network［J］. Ecosphere, 12（5）：e03434.

DUFFY J E, 2009. Why biodiversity is important to the functioning of real-world ecosystems［J］. Frontiers in Ecology and the Environment, 7（8）．

ESCOBEDO J F, GOMES E N, OLIVEIRA A P, et al., 2009. Modeling hourly and daily fractions of UV, PAR and NIR to global solar radiation under various sky conditions at Botucatu, Brazil［J］. Applied Energy, 86（3）：299 - 309.

EXBRAYAT J F, PITMAN A J, ABRAMOWITZ G, 2014. Response of microbial decomposition to spin-up explains CMIP5 soil carbon range until 2100［J］. Geoscientific Model Development, 7（6）：3481 - 3504.

FRIEDLINGSTEIN P, COX P, BETTS R, et al., 2006. Climate-Carbon Cycle Feedback Analysis：Results from the C4MIP Model Intercomparison［J］. Journal of Climate, 19（14）：3337.

FRIEND A D, LUCHT W, RADEMACHER T T, et al., 2014. Carbon residence time dominates uncertainty in terrestrial vegetation responses to future climate and atmospheric CO_2［J］. Proceedings of the National Academy of Sciences, 111（9）．

GE R, HE H L, REN X L, et al., 2019. Underestimated ecosystem carbon turnover time and sequestration under the steady state assumption：A perspective from long - term data assimilation［J］. Global change biology, 25（3）：938 - 953.

HAO Z, ZHANG X Y, GAO Y, et al., 2018. Nitrogen source track and associated isotopic dynamic characteristic in a complex ecosystem：A case study of a subtropical watershed, China［J］. Environmental Pollution, 236：177 - 187.

HE H L, GE R, REN X L, et al., 2021. Reference carbon cycle dataset for typical Chinese forests via colocated observations and data assimilation［J］. Scientific Data, 8（1）：42.

HOOPER D U, ADAIR E C, CARDINALE B J, et al., 2012. A global synthesis reveals biodiversity loss as a major driver of ecosystem change［J］. Nature, 486（7401）：105 - 108.

HU B, WANG Y, 2014. Variation Characteristics of Ultraviolet Radiation over the North China Plain［J］. Advances in

Atmospheric Sciences，31（1）：110 - 117.

HU B，WANG Y，2015. The attenuation effect on ultraviolet radiation caused by aerosol and cloud in Lhasa，Tibetan Plateau of China［J］. Advances in Space Rese，56（1）：111 - 118.

HU B，WANG Y，LIU G，2007a. The spatio-temporal characteristics of Photosynthetically active radiation in China ［J］. Journal of geophysical research：atmospheres，112：D14106.

HU B，WANG Y，LIU G，2007b. Ultraviolet radiation spatio-temporal characteristics derived from the ground-based measurements taken in China ［J］. Atmospheric environment，41：5707 - 5718.

HU B，WANG Y，LIU G，2008. Influences of the Clearness Index on UV Solar Radiation for Two Locations in the Tibetan Plateau Lhasa and Haibei ［J］. Advances in Atmospheric Sciences，25（5）：885 - 896.

HUANG Y，CHEN Y，CASTRO-IZAGUIRRE N，et al.，2018. Impacts of species richness on productivity in a large-scale subtropical forest experiment ［J］. Science，362：80 - 83.

ISBELL F，CALCAGNO V，HECTOR A，et al.，2011. High plant diversity is needed to maintain ecosystem services ［J］. Nature，477：199 - 202.

ISBELL F，CRAVEN D，CONNOLLY J，et al.，2015. Biodiversity increases the resistance of ecosystem productivity to climate extremes ［J］. Nature，526：524 - 577.

IWANIEC D M，GOOSEFF M，SUDNG K N，et al.，2021. Connectivity：insights from the US Long Term Ecological Research Network ［J］. Ecosphere，12（5）：e03432.

JI J J，1995. A Climate-Vegetation Interaction Model：Simulating Physical and Biological Processes at the Surface ［J］. Journal of Biogeography，22（2/3）：445 - 451.

KINLOCK N L，PROWANT L，HERSTOFF E M，et al.，2018. Explaining global variation in the latitudinal diversity gradient：Meta-analysis confirms known patterns and uncovers new ones ［J］. Global Ecology and Biogeography，27：125 - 141.

LIANG J J，CROWTHER T W，PICARD N，et al.，2016. Positive biodiversity-productivity relationship predominant in global forests ［J］. Science，354：6309.

LINDENMAYER D B，LIKENS G E，ANDERSEN A，et al.，2012. Value of long-term ecological studies ［J］. Austral Ecology，37（7）：745 - 757.

LIU B，JORDAN R C，1960. The Interrelationship and Characteristic Distribution of Direct，Diffuse and Total Solar Radiation ［J］. Solar Energy，4（3）：1 - 19.

LUO Y，WENG E，2011. Dynamic disequilibrium of the terrestrial carbon cycle under global change ［J］. Trends in Ecology and Evolution，26（2）：96 - 104.

MATEOS D，MIGUEL A H D，BILBAO J，2010. Empirical models of UV total radiation and cloud effect study ［J］. International Journal of Climatology，30（9）：1407 - 1415.

MIRTL M，BORER E T，DJUKIC I，et al.，2018. Genesis，goals and achievements of long-term ecological research at the global scale：a critical review of ILTER and future directions ［J］. Science of the total Environment，626：1439 - 1462.

MONTEITH D，HENRYS P，BANIN L，et al.，2016. Trends and variability in weather and atmospheric deposition at UK Environmental Change Network sites（1993—2012）［J］. Ecological indicators，68：21 - 35.

NEARING M A，YIN S，XIE Y，et al.，2015. Rainfall erosivity estimation based on rainfall data collected over a range of temporal resolutions ［J］. Hydrology and Earth System Sciences，19：4113 - 4126.

PETERS D，LANEY C M，LUGO A E，et al，2013. Long-Term Trends in Ecological Systems：A Basis for Understanding Responses to Global Change ［R］. United States Department of Agriculture.

RASTETTER E B，OHMAN M D，ELLIOTT K J，et al.，2021. Time lags：insights from the US Long Term Ecological Research Network ［J］. Ecosphere，12（5）：e03431.

REN X L，HE H L，MOORE D J P，et al.，2013a. Uncertainty analysis of modeled carbon and water fluxes in a subtropical coniferous plantation ［J］. Journal of Geophysical Research Biogeosciences，118（4）：1674 - 1688.

REN X L，HE H L，ZHANG L，et al.，2013b. Spatiotemporal variability analysis of diffuse radiation in China during

1981 - 2010 [J]，Annales Geophysicae，31 (2)：277 - 289.

REN X L，HE H L，ZHANG L，et al. ，2014a. Estimation of diffuse photosynthetically active radiation and the spatio-temporal variation analysis in China from 1981 to 2010 [J] . Journal of Geographical Sciences，24 (4)：579 - 592.

REN X L，HE H L，ZHANG L，et al. ，2018. Global radiation，photosynthetically active radiation，and the diffuse component dataset of China，1981—2010 [J] . Earth System Science Data，10 (3)：1217 - 1226.

REN Y，XU Z，ZHANG X，et al. ，2014b. Nitrogen pollution and source identification of urban ecosystem surface water in Beijing [J] . Frontiers of Environmental Science and Engineering，8 (1)：106 - 116.

RICKLEFS R E，HE F，2016. Region effects influence local tree species diversity [J] . Proceedings of the National Academy of Sciences of the United States of America，113 (3)：674 - 679.

RODHE H，1978. Budgets and turn-over times of atmospheric sulfur compounds [J] . Atmospheric Environment，12 (1)：671 - 680.

ROSE R，MONTEITH D T，HENRYS P，et al. ，2016. Evidence for increases in vegetation species richness across UK Environmental Change Network sites linked to changes in air pollution and weather patterns [J] . Ecological Indicators，68：52 - 62.

SAWICKA K，MONTEITH D T，VANGUELOVA E I，et al. ，2016. Fine-scale temporal characterization of trends in soil water dissolved organic carbon and potential drivers [J] . Ecological indicators，68：36 - 51.

SIER A，MONTEITH D，2016. The UK Environmental Change Network after twenty years of integrated ecosystem assessment：Key findings and future perspectives [J] . Ecological Indicators，68：1 - 12.

TIAN H，LU C，YANG J，et al. ，2015. Global patterns and controls of soil organic carbon dynamics as simulated by multiple terrestrial biosphere models：Current status and future directions [J] . Global Biogeochem Cycles，29 (6)：775 - 792.

TUTTLE S E，SALVUCCI G D，2017. Confounding factors in determining causal soil moisture-precipitation feedback [J] . Water Resources Research，53 (7)：5531 - 5544.

VARO M，PEDROS G，MARTINEZ - JIMENEZ P，2005. Modelling of broad band ultraviolet clearness index distributions for Cordoba, Spain [J] . Agricultural and Forest Meteorology，135 (1 - 4)：346 - 351.

WISCHMEIER W H，SMITH D D，1965. Predicting Rainfall-erosion Losses from Cropland East of the Rocky Mountains [J] . Agriculture Handbook (USA) .

WISCHMEIER W H，SMITH D D，1978. Predicting Rainfall Erosion Losses-A Guide To Conservation Planning [J]. Agriculture Handbook (USA) .

XIA X，LI Z，WANG P，et al. ，2008. Analysis of relationships between ultraviolet radiation (295 - 385 nm) and aerosols as well as shortwave radiation in North China Plain [J] . Annales Geophysicae，26 (7)：2043 - 2052.

XIA Y，LI Y，ZHANG X，et al. ，2017. Nitrate source apportionment using a combined dual isotope，chemical and bacterial property，and Bayesian model approach in river systems [J] . Journal of Geophysical Research：Biogeosciences.

XU Z，ZHANG X，XIE J，et al. ，2014. Total Nitrogen Concentrations in Surface Water of Typical Agro-and Forest Ecosystems in China，2004—2009 [J] . PLoS ONE，9.

YANG K，KOIKE T，YE B，2006. Improving estimation of hourly，daily，and monthly solar radiation by importing global data sets [J] . Agricultural and Forest Meteorology，137 (1 - 2)：43 - 55.

YU G，CHEN Z，PIAO S，et al. ，2014. High carbon dioxide uptake by subtropical forest ecosystems in the East Asian monsoon region [J] . Proceedings of the National Academy of Science，111 (13)：4910 - 4915.

ZHANG X，XU Z，SUN X，et al. ，2013. Nitrate in shallow groundwater in typical agricultural and forest ecosystems in China，2004—2010 [J] . Journal of Environmental Sciences，25 (5)：1007 - 1014.

ZHOU G，HOULTON B Z，WANG W，et al. ，2013. Substantial reorganization of China's tropical and subtropical forests：based on the permanent plots [J] . Global Change Biology，20 (1)：240 - 250.

ZHOU T，SHI P，JIA G，et al. ，2013. Nonsteady state carbon sequestration in forest ecosystems of China estimated by data assimilation [J] . J GEOPHYS RES - BIOGEO，118 (4)：1369 - 1384.

ZINNERT J C，NIPPERT J B，RUDGERS J A，et al.，2021. State changes：insights from the US Long Term Ecological Research Network ［J］. Ecosphere，12（5）：e03433.

ZOBITZ J M，DESAI A R，MOORE D J P，et al.，2011. A primer for data assimilation with ecological models using Markov Chain Monte Carlo（MCMC）［J］. Oecologia，167（3）：599-611.

图书在版编目（CIP）数据

中国典型森林生态系统关键要素及功能动态变化图集：
2001-2015 / 中国生态系统研究网络国家生态科学数据中
心图集编写委员会著 . —北京：中国农业出版社，
2022.6
（中国生态系统定位观测与研究数据集）
ISBN 978-7-109-29476-9

Ⅰ.①中… Ⅱ.①中… Ⅲ.①森林生态系统－中国－
2001－2015－图集 Ⅳ.①S718.55－64

中国版本图书馆 CIP 数据核字（2022）第 092295 号

ZHONGGUO DIANXING SENLIN SHENGTAI XITONG GUANJIAN YAOSU JI
GONGNENG DONGTAI BIANHUA TUJI

中国农业出版社出版
地址：北京市朝阳区麦子店街 18 号楼
邮编：100125
责任编辑：李昕昱　文字编辑：孙蕴琪
版式设计：李　文　责任校对：刘丽香
印刷：中农印务有限公司
版次：2022 年 6 月第 1 版
印次：2022 年 6 月北京第 1 次印刷
发行：新华书店北京发行所
开本：889mm×1194mm　1/16
印张：8.25
字数：200 千字
定价：48.00 元